DeepSeek

新科技
实用方法

焦海利 编著

民主与建设出版社
·北京·

图书在版编目（CIP）数据

DeepSeek 新科技实用方法 / 焦海利编著 . -- 北京：
民主与建设出版社，2025. 4. -- ISBN 978-7-5139-4916-3

Ⅰ . TP18

中国国家版本馆 CIP 数据核字第 2025LB9038 号

DeepSeek新科技实用方法
DeepSeek XIN KEJI SHIYONG FANGFA

编　　著	焦海利	
责任编辑	刘树民	
封面设计	唐艺森	
出版发行	民主与建设出版社有限责任公司	
电　　话	（010）59417749　59419778	
社　　址	北京市朝阳区宏泰东街远洋万和南区伍号公馆 4 层	
邮　　编	100102	
印　　刷	三河市天润建兴印务有限公司	
版　　次	2025 年 4 月第 1 版	
印　　次	2025 年 4 月第 1 次印刷	
开　　本	880 毫米 × 1230 毫米　　1/32	
印　　张	7	
字　　数	151 千字	
书　　号	ISBN 978-7-5139-4916-3	
定　　价	49.80 元	

注：如有印、装质量问题，请与出版社联系。

前　言

　　如今，人工智能正以惊人的速度融入我们的日常生活，而 DeepSeek 作为这一领域的新星，正为我们打开一扇通往未来的大门。

　　在你翻开这本书的第一页时，也许你对人工智能和 DeepSeek 一无所知，或者只是偶尔听说过这些名词。别担心，这正是我写这本书的原因。我希望用最简单、最直白的语言，带你走进这个看似复杂但实际上充满乐趣和可能性的世界。

　　在这个信息爆炸的时代，我们每天都面临着海量的数据和知识。通过了解和使用 DeepSeek，你可以更轻松地获取信息、提高工作效率，甚至探索新的创意和想法。无论你是学生、上班族、创业者，还是退休在家的长辈，DeepSeek 都能为你的生活增添一抹亮色。

　　这本书专为"人工智能小白"设计。如果你曾经被那些充满专业术语的科技文章吓退，或者觉得人工智能离自己的生活太远，那么这本书正是为你准备的。

　　在本书中，我们将一起探索：

　　● DeepSeek 是什么，它与其他人工智能工具有何不同。

　　● 如何注册并开始使用 DeepSeek。

●使用 DeepSeek 的基本技巧和常见问题解答。

●实用的 DeepSeek 应用场景，从写作、学习到日常生活中的各种应用。

……

作为这本书的作者，我向你承诺：

●不使用晦涩难懂的技术术语。

●提供实用的、可立即应用的建议和技巧。

●用生动有趣的故事和例子，让学习过程充满乐趣。

●始终站在初学者的角度思考，不跳过任何可能让你困惑的步骤。

人工智能正在重塑我们的世界，而了解并善用这些技术，将使我们在这个快速变化的时代保持竞争力和适应性。更重要的是，它能为我们的生活带来便利和乐趣。

通过这本书，我希望能成为你的向导，帮助你逐渐熟悉 DeepSeek，直到有一天，你能自如地将它融入你的日常生活，甚至向他人分享你的经验。

无论你是因为好奇、工作需要，还是纯粹想跟上时代的步伐，我都希望这本书能成为你了解 DeepSeek 和人工智能的一扇窗。

让我们一起，探索这个充满无限可能的新世界吧！

第一章

新手极速通关：
从零到精通的核心指南

在现代社会，人工智能（AI）已经渗透到我们生活的各个角落。你可能在社交媒体上看到它在进行内容推荐，或者在购物网站上发现它帮你筛选商品。可是，你是否想过，人工智能不除了做这些"智能推荐"的工作，它还能做更多更复杂的事情？

DeepSeek 就是一款先进的人工智能大模型。它不同于传统的搜索引擎，不仅能帮你找到信息，还能理解语言、模拟思维，甚至帮助你进行创作、解答问题、分析数据！

零基础入门：
DeepSeek 是什么？

DeepSeek 是一款由人工智能企业深度求索（DeepSeek Inc.）研发的语言大模型，它拥有强大的自然语言处理能力，能够理解并回答问题，还能辅助写代码、整理资料和解决复杂的数学问题。

一、DeepSeek 和搜索引擎有什么区别？

你可能会觉得：DeepSeek 和搜索引擎不都差不多吗？其实，两者有很大的不同。传统的搜索引擎，如百度、谷歌，它们的工作方式是通过你输入的关键词去搜索相关网页，然后给出匹配的结果。这种方式虽然在很多情况下能够满足我们的需求，但有时给出的结果并不一定是我们真正想要的。

而 DeepSeek 的工作原理就不一样了。它并不是通过简单的关键词匹配，而是通过对海量数据的学习，理解用户提出的每个问题，并给出准确、合理的答案。它就像一个能和我们对话的智能助手，能帮助我们解决很多实际问题。

二、DeepSeek 是如何工作的？

DeepSeek 是如何理解并回答你的问题的呢？这得益于它背后的"深度学习"技术。

深度学习是人工智能领域中的一种重要技术，简单来说，就是通过对大量文本、书籍、文章、网页等数据的学习，逐渐掌握了语言的规律，理解了句子和段落的含义，再模仿人类的思维方式来处理问题。

举个例子，当用户向 DeepSeek 提问时，它不是通过查找某些固定的关键词来回答问题，而是通过分析问题的结构、上下文，甚至是用户之前的提问记录，来推测用户真正需要的答案。这种深度思考能力让 DeepSeek 与传统的搜索引擎有了本质的不同。

三、DeepSeek 的应用场景

DeepSeek 不仅仅是一个聊天机器人，它的应用场景十分广泛。以下是一些常见的使用场景。

（一）日常对话和问题解答

你可以向 DeepSeek 提问任何问题，无论是日常生活中的琐事，比如天气、饮食、旅行建议，还是更专业的领域问题，如学术研究、技术难题、法律咨询等，DeepSeek 都能通过强大的自然语言处理能力，理解你的问题并提供清晰、准确的答案。它不仅能根据实时数据给出相关信息，还能结合上下文、个性化需求，进行深度分析和解答，帮助你更高效地解决问题，提升生活和工作质量。

（二）学习辅助

对于学生来说，DeepSeek 是一个得力的学习助手。它能够帮助你查找学习资料、解答学术问题，甚至提供相关领域

的最新研究成果。当你遇到难题时，DeepSeek 可以为你提供清晰的解释，帮助你理解复杂概念，甚至能帮你整理思维导图，厘清知识点之间的关系。无论是备考，还是进行课外学习，DeepSeek 都能为你提供全方位的支持。

（三）写作与创作

无论你是作家、博客作者，还是职场人士，DeepSeek 都能为你的写作提供全面支持。它不仅能帮助你生成文章内容，还能根据主题和风格要求，提供创意点子和构思。通过分析你的写作需求，DeepSeek 可以辅助润色语言、改进结构，使文章更加流畅和吸引人。此外，当你遇到写作难题时，DeepSeek 能激发灵感，帮助你突破创作瓶颈，是提升写作效率和质量的得力工具。

（四）职业发展

DeepSeek 能显著提升职场人士的工作效率。它可以帮助你快速查找和整理相关资料，节省大量时间。它还能够辅助数据分析和报告生成，减少手动操作，提高工作精度。通过提供行业动态、技术方案等信息，DeepSeek 可以帮助职场人士保持专业知识的更新，确保决策更加高效准确。

概括而言，DeepSeek 是一个通过人工智能大模型进行深度学习和自然语言处理的工具。它不仅能理解你提出的每一个问题，还能通过不断学习和优化，提供更加个性化、专业化的回答和建议。对于普通用户来说，DeepSeek 的便捷性和强大功能，使它成为日常生活、学习和工作的得力助手。

人工智能革命者：
DeepSeek 的三大颠覆性优势

你肯定遇到过这样的抓狂时刻：对着手机喊破喉咙，AI 助手却像个耳背的老管家——要么答非所问，要么甩给你一堆看不懂的说明书。但 DeepSeek 的出现，彻底终结了这场人机"鸡同鸭讲"的闹剧！这个新晋 AI 界"顶流"有三大绝活：能像闺密一样听懂你的方言和潜台词，像学霸同桌般跨界解题，甚至比你自己更早预判需求。接下来就带你看看，这个"最懂中文的智能大脑"是如何把科幻片场景变成日常的！

一、中文理解能力超强，像本地朋友一样懂你

许多国际大模型（如 ChatGPT）更擅长英文搜索，处理中文时常常出现"翻译腔"，比如把"接地气"直译为"接地球的呼吸"。而 DeepSeek 专为中文优化，具备三大特色。

（一）方言识别

DeepSeek 支持 21 种方言，能根据用户的特定需求创作富有地方特色的内容。

当你请求写一个"卖煎饼的吆喝"并指定"天津快板风格"时，它能巧妙地将传统的快板韵律与现代需求结合，生成：

竹板这么一打，煎饼香又大！

薄脆嘎嘣脆，酱料顶呱呱～

这样的创意作品，不仅符合地方风格，还充满了生动的节奏感。

（二）网络热梗

DeepSeek 不仅知道"绝绝子"是夸赞，更会玩梗互动。当用户说"今天又是躺平的一天"，它能捕捉到背后的疲惫感，回复"摸鱼保平安，明天再搬砖！"；遇到"这方案绝绝子"，它会接梗"哈哈哈，宝子你是懂夸人的"。

测试显示其覆盖绝大部分年度热词，从职场黑话"颗粒度对齐"到社交梗"尊嘟假嘟"，都能精准识别语境——比如用户输入"领导让闭环思维"，它能翻译成"就是要从头盯到尾呀"，让沟通更接地气。

（三）文化适配

DeepSeek 创作古诗时，并非简单地凑字数，它能真正理解中国古典诗歌的规则与韵律。每一句诗的构思、词语的选择都经过精心雕琢，遵循平仄、对仗等古诗创作的传统技巧。它不仅注重音韵的和谐，更注重字词的搭配和诗句的整体节奏，像一位经验丰富的诗人，精细打磨每一首诗歌。这样的创作方式，让诗歌既保留古韵，又展现出深刻的艺术魅力。

1. 平仄讲究

当你要求"写首七言绝句，主题是秋思"，它会遵循"仄仄平平仄仄平"的声调规律，生成：

西风卷叶过寒窗（平平仄仄仄平平）

孤雁南飞影成双（平仄平平仄平平）

欲寄家书无驿使（仄仄平平平仄仄）

月明犹照旧时裳（仄平平仄仄平平）

每句的平仄交替，读起来抑扬顿挫。

2. 对仗工整

输入指令："写两句对仗的山水诗。"生成：

青山叠翠云遮径（平平仄仄平平仄）

碧水浮光月满舟（仄仄平平仄仄平）

"青山"对"碧水"，"叠翠"对"浮光"，词性和意境都精准匹配。

3. 会写藏头诗

输入指令："写四句婚庆诗，嵌入新郎志远、新娘婉清的名字。"生成：

志在青云共比翼，

远山含笑映红妆。

婉转同心结百岁，

清风明月入华堂。

生成的诗歌不仅能藏头，更符合婚庆意境。

二、跨领域专家，一个顶十个

传统的 AI 大模型只能处理单一任务，比如写文案的不会算数据，懂医疗的不懂法律。但 DeepSeek 能像"随身智囊团"一样联动多领域知识。

输入指令："孩子被流浪猫抓伤怎么办？"

生成：

● 伤口处理步骤（医学知识）

● 附近疫苗接种点（实时地图数据）

● 保险报销攻略（法律条款解读）

三、越用越懂你，私人定制小秘书

其他大模型通常只能基于单次对话提供回复，难以长期追踪用户习惯。例如，当你让某 AI "用幽默风格写文案"，下次同样的需求可能仍需重复说明。DeepSeek 通过持续学习机制和场景感知能力，真正实现了"越用越贴心"的个性化服务。

（一）长期记忆学习

1. 习惯记录

如果你连续三次要求"用职场黑话风格写邮件"，系统会建立专属偏好档案。第四次只需说"按之前风格写年终总结"，即可自动生成符合要求的文案。

2. 身份适配

检测到老年用户常使用语音提问，自动开启"长辈模式"——答案字体放大 1.5 倍，并附带语音播报按钮。

（二）场景智能预判

1. 时间感知

晚上 11 点提问"失眠怎么办"，生成包含呼吸练习步骤的"省流版"回复（避免长篇大论加重焦虑）；而白天同一问题会详细展开褪黑素原理、饮食建议等内容。

2. 设备适配

发现用户常用手机端提问，会自动优化答案结构：文字不超过 5 行，重点用"！"符号标注，复杂数据转为图片卡片。

四、本土化服务，解决实际难题

DeepSeek 通过本土化服务，能够解决中国用户的许多实际需求，弥补了国际模型的不足。

国际人工智能模型往往对中国特色的需求理解有限，无法准确解答如"学区房政策"或"新农合报销流程"之类的本土问题，也难以生成符合中国职场文化的邮件或报告。而 DeepSeek 的优势正是在于它能深入理解这些本土需求。

比如，当输入"2024 年医保改革影响"时，DeepSeek 不仅能够详细解读门诊报销比例变化，还会附上新旧对比表，甚至展示异地就医备案的新流程，并提供操作截图。此外，在职场环境中，DeepSeek 能够自动适配中国的职场文化，生成邮件时使用"领导批示""妥否请指示"等地道的中式敬语。这些本土化的功能让 DeepSeek 能够更好地服务中国用户，解决实际问题。

DeepSeek 不是冰冷的工具，而是懂中文、会学习、能跨界的"超级助手"。它把复杂技术藏在背后，让你像和朋友交流一样轻松解决问题——这才是人工智能真正的革命性突破。

功能全景图：
掌握 DeepSeek 核心应用

在人工智能渗透日常生活的今天，DeepSeek 如同一把打开智能世界的万能钥匙，让每个人都能轻松解锁数字时代的无限可能。无论是学生深夜赶论文需要的灵感火花，职场人士处理繁复报表时渴求的数据洞察，还是家庭主妇规划菜谱时想要的营养搭配，这个搭载双轨训练机制的智能助手，都能通过自然对话理解你的需求。它不仅是能写诗作画的创意伙伴，更是会 Debug 代码的编程导师；既能化身财务分析师解读复杂报表，又能切换成语文老师讲解古文意象。从上传文档自动生成可视化图表，到模仿鲁迅文风续写《孔乙己》，DeepSeek 正在重新定义人机协作的边界。

让我们透过这扇全景视窗，探索如何让这个拥有 6710 亿参数的超级大脑，成为你工作学习中如影随形的智慧外挂吧！

一、智能问答：你的全能知识顾问

DeepSeek 能通过自然语言对话解决生活、工作、学习中的各类问题。

（一）专业领域解答

当财务人员面对杂乱无章的年度报表时，DeepSeek 能像经验丰富的会计师一样自动完成数据清洗——比如智能识别重复条目、修正格式错误，甚至把分散在多个表格的收支数据整合成统一格式。它不仅会通过趋势分析告诉你"第三季度电子产品销量环比增长 23%"，还能用可视化的柱状图直观展示各品类占比。

例如：

你开网店卖货，把乱七八糟的销售记录丢给 DeepSeek，它会自动帮你：

● 揪出重复登记的错误订单。

● 算出上个月卖得最好的三款商品。

● 生成带彩色柱状图的总结报告。

还能贴心地提醒你："蓝牙耳机库存只剩 50 件，建议补货啦！"

若是法务工作者上传一份劳动合同，它能迅速标出"试用期超过 6 个月""违约金条款缺失"等风险点，同时自动生成符合《中华人民共和国劳动法》最新修订的补充条款建议，让专业门槛极高的法律解读变得像查字典一样简单。

例如：

租房时看不懂合同，拍张照发给它，它会马上告诉你："注意！这里写着房东随时能收房，这条不合法哦！"

（二）能看图会思考

DeepSeek 就像个会看图的智能侦探，你给它一张照片或图表，它不仅能看懂画面内容，还能挖出背后的门道。

例如：

周末逛故宫拍了个屋檐兽首的照片，上传给 DeepSeek，问："这是啥神兽？有啥讲究？"它不仅能认出这是龙生九子中的嘲风，还会告诉你："古代放在房顶象征镇宅辟邪，现代人拍照发朋友圈能提升文化逼格。"

炒股的朋友把股票走势图扔给它，它不仅能圈出"连续三天上涨"或者"突然大跌"的关键节点，还会结合当天的经济新闻，告诉你现在该加仓还是赶紧跑路。所有这些复杂的分析，都藏在简单的拍照上传动作背后，连不懂技术的小白也能轻松玩转。

例如：

炒股的朋友把手机里的 K 线图截个屏，圈住最近三个月的波动曲线，上传给 DeepSeek，问："能买吗？"DeepSeek 会标记出关键支撑位，还贴心提醒"MACD 指标出现死叉，建议观察两天再出手"——比丈母娘看女婿还仔细。

（三）精准追问

DeepSeek 的对话就像拧水龙头一样可以随时调节"知识浓度"。如果你觉得它第一次回答得太高深，只要说一句"说人话"或者"用买菜大妈能懂的例子讲"，它立马切换成唠家常模式。

例如：

你问"区块链是啥"，它可能先甩出一堆技术术语。这时候你补一句"我是开小卖部的，用进货记账打比方"，它就会说："哦，就是你让所有分店共用一本电子账本，每次进货全部门店一起盖章确认，谁也别想偷偷改账本！"

更厉害的是，你还能定制回答风格。如让它"用东北话解释""加个冷笑话"，甚至"用初中物理知识讲相对论"，它都能把复杂的知识揉碎了、掰开了，变成你刚好能消化的样子。就像有个随时根据你口味调整教学方式的万能家教，再难的知识点也能讲得明明白白。

二、内容生成：创意与效率的加速器

DeepSeek 能生成从日常文案到专业文档的各类内容。

（一）多样化创作——你的灵感制造机

DeepSeek 能根据指令生成从生活化到专业化的全场景内容。输入"生成春节朋友圈文案"，它会同时提供"年夜饭九宫格配文""返乡 Vlog 台词""亲戚问答求生指南"等 20 多种风格的选项。

输入"策划七夕口红促销方案"，DeepSeek 不仅会构思"古风礼盒 +AR 试色"的跨界玩法，还能生成适配抖音、小红书、淘宝直播等不同平台的脚本模板，连"这支色号涂上就是财阀千金本尊"的网感话术都能帮你写好。

例如：

当老师布置《孔乙己》读后感时，输入"用程序员 996 日常改编孔乙己"，DeepSeek 输出的开头保证让全班叫绝：

"鲁镇的办公室格局，是和别处不同的……孔乙己是唯一穿着格子衫却坚持用 vim 编程的人。他对人说话，总是满口'底层逻辑''敏捷开发'，教人半懂不懂的。"

（二）多格式适配——文档生成瑞士军刀

无论是学生整理笔记、HR制作培训手册，还是创业者写商业计划书，DeepSeek都能输出最合适的格式。

例如：

输入"对比四大短视频平台运营规则"，自动生成带流量算法、内容禁忌等维度的对比表。

对比四大短视频平台运营规则

已深度思考（用时25秒）

以下是国内四大主流短视频平台（抖音、快手、B站、微信视频号）的运营规则对比分析，涵盖内容分发、用户群体、变现模式、审核机制等核心维度，帮助创作者或运营者更好地选择平台和制定策略：

1. 平台定位与用户群体

平台	核心定位	用户画像	内容调性
抖音	娱乐化、潮流化、大众化	年轻群体为主（18—35岁），一二线城市渗透率高，追求新鲜感和视觉冲击。	短平快、强创意、娱乐性强，注重音乐、特效和热点。
快手	普惠社区、老铁文化	下沉市场用户占比高（三四线及以下），用户黏性强，尤重真实感和人情味。	生活化、接地气，强调用户互动和长期粉丝关系。
B站	兴趣社区、文化圈层	Z世代（18—30岁）为主，高学历用户占比高，偏好深度内容与二次元文化。	多元化、高质量，涵盖知识科普、动漫、影视、鬼畜等垂直领域。
微信视频号	社交生态延伸、公私域结合	全年龄段覆盖（中老年用户占比高），依托微信社交链，用户触达范围广。	轻量化、社交属性强，内容偏向生活分享、新闻资讯、品牌宣传。

（三）多语言支持——你的随身翻译官

DeepSeek突破了传统翻译工具的字面转换模式，能根据语境智能调整表述。

例如：

输入"把这份中文合作意向书改成正式英文邮件"，DeepSeek会自动补充"We propose a win-win collaboration framework..."等商务套话。

翻译"韬光养晦"时，DeepSeek 不仅会译作"hide one's capabilities"，还会备注"源自《旧唐书》，类似西方谚语'Still waters run deep'"。

三、数据分析：让数据开口说话

即使无编程基础，用户也能通过 DeepSeek 完成复杂分析。

（一）自动化处理——数据混乱终结者

DeepSeek 能自动处理上传的 CSV/Excel 文件，像经验丰富的数据分析师一样完成数据清洗：智能识别重复登记（如"iPhone13"与"iphone13"被判定为同一商品），修正日期格式错误（如将"2023/8/1"统一为"2023-08-01"），并将分散在多个 Sheet 的订单数据合并统计。

对于趋势预测，输入"预测下季度电商销售额"，系统会分析历史数据中的周期性规律（如节假日促销影响），结合行业大盘走势给出置信区间为 95% 的预测值。

（二）可视化呈现——秒懂数据的魔法

可视化呈现就是让数据"会说话"。DeepSeek 能把密密麻麻的数字表格自动变成一看就懂的图形。

例如：

●折线图：像看股票走势一样，一眼看出数据是涨是跌（比如店铺新用户每月增长 20%）。

●柱状图：像比身高似的，清楚对比不同产品的销量（比如店铺中奶茶卖 500 杯，咖啡只卖 200 杯）。

●饼状图：像切蛋糕一样，显示各个部分在整体中所占的比例（比如安卓用户占 60%，苹果用户占 40%）。

你只需要告诉它"把最近半年的用户增长画成折线图"，3 秒就能得到带关键标注的清晰图表，比盯着 Excel 表格算半天省力多了。

四、任务管理：你的智能效率管家

DeepSeek 能协助规划复杂任务并优化流程。

例如：

当你想完成"开咖啡馆""办展会"这类复杂目标时，DeepSeek 会先把大任务拆解成可操作的步骤清单。比如开咖啡馆需要分选址、采购、装修、招人、宣传五大模块，每个模块下再细化出"查询周边竞品分布""计算租金成本占比"等具体动作。

同时，DeepSeek 会参考行业常见数据，帮你合理分配预算和资源。例如总预算 10 万元时，自动建议"装修控制在 3 万以内，设备采购预留 4 万，留 2 万应急资金"，并标注"选址租金超过 1.5 万 / 月可能挤压利润空间"等风险点。

更重要的是，它能从过往案例中提取经验，帮你避开常见陷阱。比如提醒"社区咖啡馆应避开连锁品牌密集区""开业前需预留 15 天员工培训期"，这些细节建议让新手也能像行业老手一样稳步推进。

五、学习助手：24 小时在线的私人导师

覆盖 K12 到高等教育的全阶段学习支持。一句话说就

是：从小学到大学，你需要的学习帮手它都能当。

（一）对于中小学生

遇到古诗看不懂？把《将进酒》扔给它，它不仅能告诉你李白写诗时有多狂，还会拆解里面的"君不见黄河之水天上来"为啥显得这么豪气——就像老师把课文嚼碎了喂给你，但比老师更有耐心，24小时随叫随到。

数学题卡壳了？拍照上传题目，它就像个随身家教，从勾股定理怎么来的，到这道题该用哪条公式，一步一步演示给你看，比抄作业答案明白多了。

（二）对于大学生和研究生

写论文没头绪？它给你搭好框架：开头怎么写能吸引评委，实验数据该放哪部分，讨论环节怎么吹自己的成果——就跟搭积木似的，你只管往里面填内容。

文献看得头晕？它能帮你把几十篇论文自动分类，标出谁和谁在吵架（学术争论），还能画个时间线告诉你这个领域最近五年大家都在忙活啥。

总之，这就是个随时待命的智能学习伙伴——学习路上需要的工具它基本都有。

闪电安装法：
5分钟完成下载注册全流程

"什么？安装软件还要看教程？"

别慌！这可能是你人生中最简单的技术挑战——DeepSeek

的安装注册比煮泡面还省事。不管你是用手机戳屏幕的"拇指族"，还是用电脑只会双击图标的"办公小白"，本节的极简攻略都能让你在刷完一条短视频的时间里，完成从下载到注册的全流程。

记住：这年头儿，连老人都能用手机买菜，你装个 AI 助手还不是轻轻松松？

一、手机版：5 分钟变身高科技达人

第一步：下载。

在应用市场找到 DeepSeek App，点击"下载"或"安装"。

第二步：打开。

根据手机界面提示，点击"打开"。

第三步：注册。

在桌面找到 DeepSeek 的蓝色小海豚图标，点开它—填写手机号码—点"获取验证码"，60 秒内会收到 6 位纯数字短信—设置密码—完成！

二、电脑版：上班摸鱼神器速成

第一步：进入官网。

打开浏览器—在地址栏输入"http：//www.deepseek.com"。

第二步：注册。

手机号码登录：填写手机号码—接收验证码—完成！

微信登录：点击"使用微信扫码登录"—打开手机扫描电脑弹出的二维码—完成！

当你已经手握智能世界的通行证——是时候让 DeepSeek

帮你写周报、查菜谱、解数学题了！快去用 DeepSeek 写一条朋友圈文案炫耀：原来当科技大佬这么简单！

界面解密术：
重点功能分布与操作指南

当你打开 DeepSeek 时，可能会觉得界面上有些按钮和选项让你感到陌生，不知道从哪里开始。别担心！这一节我们将带你逐步了解 DeepSeek 的界面布局，帮助你快速找到常用功能，并教你如何轻松操作。

无论你是第一次使用 DeepSeek，还是已经有所了解，我们都会从最基础的地方开始，让你能清晰地看到每个功能的位置，并知道它们如何帮助你更高效地完成任务。

准备好了吗？让我们一起来解密 DeepSeek 的界面！

下图是 DeepSeek 的电脑版使用界面，手机 App 的界面也一样。

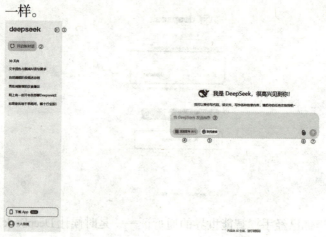

一、展开对话列表

点击它，左侧会像拉开抽屉一样滑出完整的对话列表——所有你聊过的话题都像图书馆书架上的书一样排列在此，最近聊天的内容会自动置顶。点击对话标题右侧的三个点，还能对它进行重命名或删除。

二、打开新对话框

在 DeepSeek 主界面左上方，有一个醒目的"开启新对话"按钮，点击它，屏幕中央会瞬间清空成雪白的输入区，仿佛给你递上一张全新的草稿纸——你可以在这里讨论新话题而不受之前对话内容干扰。系统还会自动把上段聊天记录归档到左侧列表里，完全不用担心之前的对话消失。

三、在这个框中输入提示词

在 DeepSeek 界面上的长条输入框中，你可以像和朋友发微信一样直接输入问题。

四、深度思考，一定要选上

当你遇到需要仔细琢磨的问题时，别急着点发送键——先戳一下这个按钮，DeepSeek 就会像侦探一样，从多角度拆解问题。

普通提问像是快餐店点单，AI 立刻给你标准答案；而深度思考模式则像预约了专家会诊——它要花 30 秒到 1 分钟（屏幕上会出现进度条动画），但产出的回答会包含多个方面的思考。

例如：

输入指令：如何规划孩子升学路线？

DeepSeek 会从以下多个方面进行思考：

●背景知识科普（比如解释"中考分流政策演变史"）

●利弊对比表格（传统燃油车 VS 电动车的 10 项指标）

●分步行动指南（幼小衔接、初中择校、高中竞赛的三年计划表）

●延伸资源推荐（5 本教育类书籍 +3 个升学论坛）

使用时有个小技巧：在点击"深度思考"按钮后，可以用括号补充你的隐藏需求，比如"（孩子数学成绩中等，预算有限）"，DeepSeek 会自动调整分析维度。如果中途想终止思考，点一下"深度思考"按钮就能切回普通模式。

五、联网搜索

点击"联网搜索"按钮后，DeepSeek 就会帮你搜索网络最新资讯（比如查天气 / 股票 / 新闻），但此时右侧的回形针图标会变灰，意味着不能上传文件。下次想分析本地文档时，记得再点一次"联网搜索"按钮，关掉联网，回形针就会重新亮起，让你传文件啦！

六、点击这里可以上传附件

DeepSeek 界面输入框右下角的回形针图标，是你传送文件的"任意门"——点击它会弹出文件选择窗口，支持上传 PDF、Word、Excel、图片等常见格式（单个文件最大 100MB）。比如：拖拽一份合同丢进去，DeepSeek 就能自动解析条款；上传一张模糊的植物照片，它能秒变植物学家告诉你品种。上传成功后，文件会像即时贴一样贴在输入框上方，此时输入"总结这份报告的核心观点"或"把表格数据做成柱状图"，DeepSeek 就会结合文件内容精准回应。长按已上传文件还能重命名或删除，就像整理手机相册一样简单。

七、点击这里可以发送信息

在 DeepSeek 界面右下角那个醒目的蓝色箭头发送按钮，是你和 DeepSeek 对话的"启动键"。点击它，你输入的文字或上传的文件就会发送给 DeepSeek 处理。发送成功后，按钮会短暂变成转圈圈的加载动画，让你直观看到 DeepSeek 正在思考答案。

第二章

生活全能管家：
AI 让日常难题迎刃而解

在现代生活中，各种琐事常常让我们手忙脚乱：旅行计划需要考虑太多细节，健康管理方案制定毫无头绪，装修报价单看得人眼花缭乱。你是否曾想过，这些日常难题其实都有更简单的解决方案？

DeepSeek 这位"数字管家"正悄然改变我们处理这些复杂问题的方式。它不只是一个简单的问答工具，而是能够理解你的具体需求、分析各种选择，甚至为你规划完整方案的全能助手！无论是制定详细的旅游行程、设计个性化的健康饮食计划，还是帮你解析装修公司的报价单，它都能给出既实用又专业的建议，让那些曾经令人头疼的决策变得清晰明了。

旅行规划神器：
7 步生成带预算控制的行程表

你是否曾经为计划旅行而感到头疼？从选择目的地，到决定路线，再到确保预算不超支，每个步骤似乎都充满挑战。幸运的是，DeepSeek 可以帮助你简化这一切，让旅行规划变得简单、直观，甚至有趣！在这一节中，我们将教你如何用 DeepSeek 生成一个包含预算控制的完美旅行行程表，确保你的旅行既精彩又不会超出预算。

第一步：选择你的目的地。

旅行的第一步是选择你要去的地方。如果你还没有明确的目的地，DeepSeek 可以帮助你从全球范围内挑选出适合你的旅行地点。DeepSeek 不会依据你以往的旅行数据来做推荐，而是通过一些简单的输入，来帮助你锁定目的地。

●根据季节选择：输入你计划出行的月份，DeepSeek 会推荐适合这个季节的旅行地。比如，夏天适合去海滨度假，冬天则可以选择滑雪目的地。

●预算范围：你可以先确定一个大致的预算范围，DeepSeek 将根据预算推荐适合的目的地。例如，如果你的预算较为有限，系统可能会推荐国内旅行或者东南亚国家等性价比高的地方。

●旅行时长：选择你的旅行时长，DeepSeek 将为你推荐在这个时间段内能充分体验的目的地。

●通过这些方式，DeepSeek 可以为你提供广泛的目的地选择，并帮助你找到符合你需求的最佳地方。

第二步：选择旅行主题。

每个人的旅行需求不同，可能你更喜欢探险，或者你想要一个悠闲的海滩假期，DeepSeek 能够根据你选择的旅行主题帮助你做出合适的规划。你可以选择以下几种旅行主题：

●文化探索：如果你喜欢参观历史遗址、博物馆，或者体验不同的文化，DeepSeek 会为你推荐适合的目的地及相关活动。

●自然探险：如果你更喜欢户外活动、徒步旅行、登山探险等，DeepSeek 能推荐拥有丰富自然景观的地方，例如国家公园、山区等。

●美食之旅：如果你喜欢尝试当地的美食，DeepSeek 会帮你找到那些有着独特美食文化的城市或国家。

●休闲度假：对于想要完全放松的旅行者，DeepSeek 会推荐适合度假的海滩、温泉等地方。

通过这种方式，你可以明确自己的旅行主题，DeepSeek 会根据你的选择为你提供一系列建议。

第三步：选择景点和活动。

一旦你确定了目的地和旅行主题，DeepSeek 将为你提供该目的地的景点和活动推荐。即使没有用户以往的偏好，DeepSeek 都也能够通过普遍的旅行趋势和目的地特性，为你推荐受欢迎的景点和活动。

●景点推荐：DeepSeek 会根据目的地的流行趋势、旅游人气等，推荐你可能喜欢的景点。

●活动推荐：无论你喜欢历史文化，还是喜欢户外活动，DeepSeek 会根据你的旅行主题提供活动推荐。

例如：如果你选择了文化主题的旅行，DeepSeek 会推荐当地的博物馆、历史遗址等；如果你选择了自然探险，系统会推荐适合徒步和露营的景区。

第四步：设定预算并控制费用。

DeepSeek 能够帮助你控制旅行预算，避免超支。你可以设置预算上限，DeepSeek 会根据预算推荐适合的活动和景点。系统会基于以下几个方面分析预算：

●交通费用：DeepSeek 会根据你选择的目的地推荐不同的交通方式，并根据预算范围推荐性价比最高的选项。

●住宿费用：你可以设置住宿预算，DeepSeek 会推荐符合预算的酒店或民宿，确保你在合理范围内找到合适的住宿。

●景点费用：根据你选择的景点，DeepSeek 会告诉你门票价格，帮助你了解每个景点的费用，并提供合理的预算分配建议。

此外，DeepSeek 还会智能提醒你是否有超出预算的活动或景点，帮助你做出调整。

第五步：交通与住宿安排。

交通和住宿是旅行中两个重要的支出项目，DeepSeek 能够为你提供推荐，并帮助你在预算内找到最佳选择。

●交通方式：根据你的目的地和预算，DeepSeek 会推荐最合适的交通方式。你可以选择飞机、火车、巴士或者租车等，DeepSeek 会提供不同方式的价格对比和时间安排，帮助你选择最优的交通方案。

●住宿推荐：DeepSeek 根据你的预算、旅行地点和偏好推荐合适的住宿选择，从经济型酒店到中高端酒店，确保你的住宿符合预算。

这些建议能够帮助你快速找到适合的交通和住宿，避免浪费时间进行不必要的比较。

第六步：安排旅行日程。

DeepSeek 会基于你选择的景点和活动，帮助你制定一个合理的旅行日程。虽然 DeepSeek 不能完全替代你手动调整的过程，但它会提供一个初步的行程框架：

●活动安排：DeepSeek 会根据景点的开放时间和交通路线，为你推荐最适合的活动安排。

●时间分配：DeepSeek 可以分析各个景点之间的距离、

交通时间，为你提供建议，确保旅行日程不会过于紧张。

虽然你仍然需要根据实际情况调整时间安排，但DeepSeek 能为你提供一个清晰的框架，避免时间冲突和计划不周。

第七步：智能提醒与旅行准备。

最后，DeepSeek 会在你旅行前提供一系列的智能提醒，帮助你做好出行准备：

●签证提醒：如果你的目的地需要办理签证，DeepSeek 会提醒你并给出建议，确保你不漏掉关键的旅行手续。

●天气预报：告诉你目的地的天气情况，帮助你选择合适的衣物和装备。

●健康提醒：根据目的地的情况，DeepSeek 会提供健康方面的建议，如需要接种的疫苗、当地的饮食注意事项等。

这些提醒可以确保你在旅行前做好充分准备，减少不必要的麻烦。

通过这 7 个步骤，DeepSeek 能够帮助你高效地规划旅行。无论你是第一次旅行，还是已经是经验丰富的旅客，通过智能的数据分析和推荐，DeepSeek 都能够为你提供宝贵的建议和指导，让你的旅行既精彩又高效。

健康管理方案：
个性化饮食健身双攻略

你是不是试过这些事？

●照着网红食谱吃三天，饿得头晕眼花，结果还胖了两斤。

●花大价钱请私教，结果教练给的训练计划让你膝盖疼得下不了楼。

●网上搜到 100 种减肥法，不知道该信哪个。

DeepSeek 的健康管理，就像给你配了个 24 小时在线的营养师＋健身教练＋心理咨询师综合体。它不会逼你吃草、不会让你跑断腿，而是用科学数据＋个人习惯，定制一份"刚好适合你"的方案。

一、3 分钟建立你的健康档案

打开 DeepSeek，在对话框输入指令"我要定制健康计划"，会跳出一个智能问卷。

我要定制健康计划

🐋 ▒ 已深度思考（用时 22 秒） ⌄

好的！为了为您量身定制健康计划，我需要了解一些基本信息。请您根据以下问题提供详细信息，我会根据您的需求制定科学合理的方案：

第一步：基础信息

1. **年龄、性别、身高、体重：**
   （例如：28岁，女，165cm，60kg）
2. **健康目标：**
   □减脂/减重 □增肌 □保持健康 □改善体态
   □提升精力 □改善睡眠 □其他：_____
3. **日常作息：**
   ∘工作日几点起床/睡觉？
   ∘是否有午休习惯？

必填项（就像办身份证）：

●性别／年龄／身高／当前体重。

●目标（减脂／增肌／保持健康）。

●每日活动量（选"办公室久坐"或"每天走1万步"）。

加分项（让AI更懂你）：

●饮食偏好："爱吃辣""讨厌西蓝花"。

●健康隐患："膝盖受过伤""有贫血史"。

根据自己的情况来填写就可以，DeepSeek会根据你的真实情况来制订后续计划。

二、饮食方案：吃饱吃好还能瘦

（一）智能食谱生成器

输入你的日常饮食，让DeepSeek当侦探。

输入指令：

我昨天的饮食：

早餐： 2肉包＋豆浆。

午餐： 麻辣香锅（吃了很多土豆片）。

晚餐： 半碗米饭＋红烧肉。

DeepSeek会分析：

●热量炸弹："麻辣香锅里的火锅底料热量≈3碗米饭"。

●营养缺口："蛋白质不足，维生素C为零"。

●改良方案：

早餐： 鸡蛋蔬菜卷饼（增加蛋白质）。

午餐： 把土豆换成莴笋，少放半包底料。

加餐： 下午4点吃个橘子（补维生素）。

（二）聚餐求生指南

输入指令：今晚要吃火锅怎么破？

获取攻略：

涮菜顺序：先吃毛肚鸭血（高蛋白）→再吃蔬菜→最后吃淀粉类。

蘸料公式：2 勺醋 +1 勺酱油 + 蒜末 + 小米辣（比芝麻酱少 300 大卡）。

补救措施：第二天多吃高钾食物（香蕉 / 菠菜）排水肿。

三、健身方案：在家也能练出好身材

（一）私人教练模块

输入指令：家里只有瑜伽垫，每天 20 分钟练什么？

DeepSeek 会：

●测试你的体能：例如让你做 1 分钟平板支撑，根据颤抖程度判断核心力量。

●调整强度：如果你说"波比跳做不动"，则会自动替换成登山跑。

（二）疼痛排查功能

输入指令：练完手臂抬不起来。

DeepSeek 会：

●判断是延迟性酸痛（正常）还是拉伤（需就医）。

●推送"筋膜球放松教程"。

●调整后续计划："暂停上肢训练，先练下肢"。

四、你的健康革命，今天就开始

现在打开 DeepSeek，输入"帮我制订健康计划"，然后花 3 分钟填问卷，就能收到专属方案。

记住：最厉害的计划，是你能坚持一辈子的计划。

装修报价解析神器：
智能评估与优化预算全攻略

"您好，这是您的装修报价单，总费用是 28 万元。"当装修公司递来密密麻麻的表格时，你的手心是不是已经开始冒汗？水电改造 8 万元？瓷砖铺贴每平方米要 180 元？拆除费还要另算？这些数字在眼前乱跳，就像在看天书——这是不是你的真实经历？

装修小白最常遇到的三大困局：

●报价单像迷宫：专业术语堆砌（"墙面批荡""石膏线找平"），看得人头晕目眩。

●价格陷阱防不胜防：漏项增项层出不穷，签完合同才发现要多花好几万元。

●比价困难户：跑遍 5 家装修公司，每家报价项目都不统一，根本无从比较。

一、装修知识扫盲神器

（一）术语翻译机

DeepSeek 能够一键解读复杂的装修术语，将专业行话转化为通俗易懂的解释，让你不再被墙面找平、阴阳角、冷桥现象等专业术语所困扰。

例如：

输入指令：请用小学生能听懂的话解释，什么是石膏板叠级吊顶？

DeepSeek 会回复：

就像给天花板做台阶造型，一层层像楼梯那样，主要为了安装灯带或装饰，注意层数越多工费越高哦～

（二）避坑指南库

DeepSeek 能为你提供全面专业的装修避坑指南，从材料选购到施工监理，从合同陷阱到环保标准，一站式解决装修过程中的各种潜在问题。

例如：

输入指令：二手房装修最常见的增项陷阱有哪些？

DeepSeek 回复：

旧墙铲除费用（很多公司按平方米额外收费）。

垃圾清运费（需确认是否包含在总价中）。

水电点位变更（每个插座移位都可能收费）。

二、3步建立预算坐标系

第一步：建立价格基准线。

DeepSeek 能够基于实时网络搜索建立装修预算价格基准线。

例如：

输入指令：杭州 2024 年 90 平方米新房半包工程市场价范围。

DeepSeek 会综合网络数据回复：

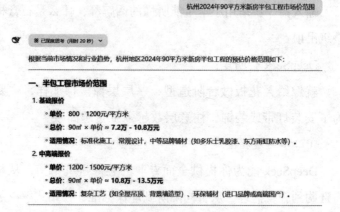

进一步输入指令：请列出瓷砖铺贴费用的常见构成，用表格展示。

DeepSeek 将生成详细表格：

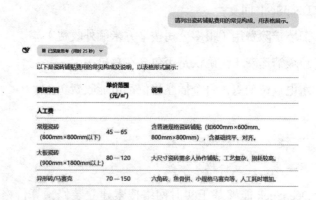

第二步：拆解报价单。

如果装修公司提供的是纸质报价单，可以拍照上传给DeepSeek；如果装修公司提供的是电子报价单，则可以直接上传。

然后，针对疑点进行追问。

例如：

输入指令：我的报价单中水电改造按 120 元 / 米计费，套内 85 平方米三居室报价 3.2 万元正常吗？

DeepSeek 回复：

按常规需求估算，三居室水电管线总长 200—280 米，总价应在 2.4 万—3.3 万元。建议要求提供具体点位图，确认是否包含开槽费用。

第三步：省钱策略生成。

DeepSeek 能为你量身定制装修省钱策略，从材料替代到施工节点，从功能取舍到 DIY 方案，帮你在不牺牲品质的前提下最大限度降低装修成本。

例如：

输入指令：预算有限，如何降低瓷砖铺贴成本？

DeepSeek 会生成全面细致的省钱方案：

预算有限，如何降低瓷砖铺贴成本？

@ 已深度思考（用时 30 秒）

以下是针对预算有限情况下降低瓷砖铺贴成本的实用建议，结合优化材料、工艺和施工管理，分点详细说明：

一、材料选择优化

优化项	具体措施	成本节省效果	注意事项
瓷砖规格	选择常规尺寸（如800mm×800mm，600mm×600mm），避免大板或异形砖。	人工费省：30－50元/m²	大砖需专用工具和胶粘剂，成本翻倍。

三、防坑实战技巧

（一）模糊条款破解术

DeepSeek 能帮你解析装修报价单中的模糊条款和隐藏陷阱，揭示其中的额外收费风险和工程界定不清的问题，让你在签约前明明白白花每一分钱。

例如：

当看到"材料费另计"时，输入指令：乳胶漆施工中哪些辅料通常应包含在报价内？

DeepSeek 回复：

> 乳胶漆施工中哪些辅料通常应包含在报价内？

🐾 📖 已深度思考（用时 24 秒） ∨

以下是乳胶漆施工中应包含在报价内的辅料清单及说明，通过表格形式清晰展示关键项目和注意事项：

乳胶漆施工辅料清单（应包含在报价内）

辅料类别	包含的具体材料	作用说明	常见品牌/规格参考
基层处理材料			
腻子粉	普通腻子/耐水腻子	填补墙面凹凸不平，基层找平（厨卫建议用耐水腻子）。	美巢、立邦、德高
石膏粉	嵌缝石膏/粉刷石膏	修补裂缝、填补开槽或孔洞。	圣戈班、可耐福
防裂材料			
网格布/牛皮纸	墙面接缝处、新旧墙体交界处使用	防止墙面开裂（全屋挂网需额外收费）。	宽度10~20cm，国标耐碱网格布
抗裂绷带	用于石膏板接缝、线槽回填处	加强局部抗裂性。	自带粘胶型

（二）合同审查要点

DeepSeek 能全面审查装修合同中的关键要点，从付款条件到质保期限，从责任界定到违约条款，帮你识别潜在风险并确保自身权益得到充分保障。

例如：

输入指令： 装修合同最容易忽略的三个条款是什么？

DeepSeek 回复：

装修合同最容易忽略的三个条款是什么？

🐋 第 已深度思考（用时 28 秒） ⌄

以下是装修合同中最容易被忽略但至关重要的**三个条款**，结合实际纠纷案例和行业潜规则，详细说明其风险及应对策略：

一、材料明细的"模糊表述"陷阱

常见问题

合同仅标注"××品牌乳胶漆""优质电线"，但未明确**具体型号、规格、环保等级**，施工时被替换为低端产品。
案例： 约定"多乐士乳胶漆"，实际使用工程款（单价低30%），业主无法索赔。

应对条款

> **材料明细条款示例：**
> "材料清单：
> • 乳胶漆：多乐士致悦抗甲醛五合一（型号：A8901），每桶5L装，用量≥3桶；
> • 电线：熊猫牌阻燃BV线，厨房/空调4㎡，普通插座2.5㎡；
> **替换规则：** 如需更换品牌或型号，须经双方书面同意，且新材料性能不低于原约定。"

装修报价单再也不是一本难解的"天书"。从术语解析到预算拆解，从智能比价到合同排雷，通过 DeepSeek 的深度赋能，每个装修小白都能化身"精算师"。与其在密密麻麻的数字中焦虑猜疑，不如让智能算法为你拨开迷雾——毕竟，真正的省钱不是无底线压价，而是让每一分钱都花得透明、精准、有底气。

第三章

教育进化革命：
学习效率倍增的秘诀

在当今知识爆炸的时代，学习不再只是埋头苦读、机械记忆。无论你是在校学生、职场人士，还是终身学习者，高效学习都成了必不可少的能力。但面对浩如烟海的信息，该如何快速吸收、理解并运用知识？

DeepSeek这位"智能教育助手"为我们带来了学习方式的革命性变化。它不仅能帮你快速总结复杂内容、解答疑难概念，还能根据你的学习风格提供个性化的学习建议和练习。本章将带你探索如何借助DeepSeek，将学习效率提升到前所未有的高度，让知识吸收变得既轻松又有趣，为你的学习之旅插上科技的翅膀。

单词记忆黑箱：
科学遗忘曲线训练法

你可能有过这样的经历：今天背了 50 个单词，明天考试只记得 20 个；一周后再测，可能只剩下 5 个还留在脑子里。这不是你的记忆力有问题，而是我们大脑的正常运作方式——遗忘，是记忆的自然规律。

德国心理学家艾宾浩斯早在 100 多年前就发现了这个规律，并把它称为"遗忘曲线"。简单来说，就是我们学习后的记忆会随着时间快速流失，尤其是在最初的几小时和几天内，如果不及时复习，大脑会主动"删除"这些它认为"不重要"的信息。

传统背单词方法往往违背了这个规律：

死记硬背：一次性塞入大量单词，大脑消化不良。

随机复习：想起来才翻翻单词书，没有规律可循。

缺乏情境：单词就像一堆没有关联的符号，难以建立记忆链接。

现在，有了 DeepSeek，背单词不再是痛苦体验，而是变成了一场有趣且高效的"智能游戏"。

一、DeepSeek 如何革新你的单词学习

（一）个性化的记忆计划师

DeepSeek 就像一位贴身的语言教练，了解你的记忆特

点、知道你的薄弱环节、清楚你的学习时间，还能根据你的学习进度实时调整训练方案。

只需告诉 DeepSeek 你的目标（比如"三个月内掌握四级核心词汇"），以及你每天可投入的时间（哪怕只有15分钟），它就能为你量身定制一套单词学习计划。

例如：

输入指令：我想在 3 个月内背完四级词汇，每天能花 30 分钟，请帮我制订计划。

DeepSeek 会根据四级词汇量、你的时间和学习规律，生成一份详细的学习计划。

与传统背单词 App 不同，DeepSeek 不会机械地给每个人同样的计划。它会根据你的学习反馈，动态调整难度和复习频率。

（二）遗忘曲线的"对抗高手"

记住一个新单词后，DeepSeek 不会就此罢休，而是会告诉你在科学的时间点复习。

●第一次复习：学习后的 24 小时内。

●第二次复习：学习后的 2—3 天。

●第三次复习：学习后的一周。

●第四次复习：学习后的两周。

●后续复习：根据你的掌握程度灵活安排。

这种间隔重复的方法，正是对抗遗忘曲线的最佳武器。DeepSeek 会追踪每个单词的学习状态，确保它们在即将被你遗忘之前，适时地出现在你面前。

（三）记忆黑箱：多维度构建单词网络

传统背单词方法往往只关注单词本身，而 DeepSeek 会帮你建立一个完整的"记忆黑箱"——将单词与多种联系方式绑定，形成牢固的记忆网络。

1. 词根词缀分解法

DeepSeek 会将复杂单词拆解成基本构件，让你从词源层面理解单词。

例如：

输入指令：我总是记不住"retrospective"这个词。

DeepSeek 回复：让我们拆解一下：

● "retro"意为"向后"（想想"复古"的英文也是 retro）

● "spect"意为"看"（如 spectator 观众）

● "ive"是形容词后缀

所以 retrospective 就是"向后看的"，引申为"回顾性的"。

2. 情境故事记忆法

单调的单词表难以记住，但包含这些单词的小故事却容易留在脑海中。

输入指令：帮我记忆"ambiguous"这个词。

DeepSee 回复：想象这个场景：一位名叫 Amber 的女孩 (amb-)，站在两条岔路口 (bi-)，不知道该走哪条路，显得非常困惑 (-guous)。这就是 ambiguous（模棱两可的，不明确的）的含义。

3. 图像联想记忆法

DeepSeek 会帮你将抽象的单词转化为生动的心理图像。

输入指令：如何记忆"scrutiny"（仔细检查）？

DeepSeek 回复：想象一个侦探拿着放大镜 (scru-)，蹲在地上仔细查看微小的线索 (-tiny)。这个侦探的仔细检查就是 scrutiny。

4. 发音相似记忆法

对于难发音的单词，DeepSeek 会帮你找到发音相似的中文或已知英文单词。

输入指令：怎么记住"ephemeral"（短暂的）这个词？

DeepSee 回复："ephemeral"的发音有点像"易飞毛"，想象一片羽毛很容易被风吹走，就像短暂的事物一样转瞬即逝。

（四）个性化的薄弱项突破

每个人的记忆模式和难点各不相同，DeepSeek 会记录你的学习数据，找出你的个人"记忆盲区"。

● 容易混淆的单词组：如 affect/effect，accept/except。

● 特定词性的弱点：如对名词记忆良好但动词较弱。

● 特定主题的生词：如医学术语、科技词汇等。

一旦发现这些模式，DeepSeek 就会为你创建针对性的练习。

输入指令：我发现我总是把 economic 和 economical 混淆。

DeepSeek 回复：这是很多人的常见混淆点！

● economic（经济的）通常指与经济相关的事物，如"economic policy"（经济政策）。

● economical（节约的）通常指省钱或有效利用资源的，

如"an economical car"（省油的车）。

后续 DeepSeek 会提供多个例句和情境帮助记忆。

二、实战指南：如何用 DeepSeek 打造你的单词记忆系统

（一）设定明确目标

与 DeepSeek 的对话可以这样开始——

输入指令：我想准备雅思考试，需要掌握约 6000 个核心词汇，我的基础是高中英语水平，每天能投入 45 分钟，希望 3 个月内达到目标。

明确的目标让 DeepSeek 能更好地为你规划学习路径。

（二）建立个性化词库

输入指令：我是医学专业学生，需要掌握常见医学英语词汇。我已经熟悉基础医学术语，但对临床和研究相关词汇不熟悉。

DeepSeek 会根据你的专业需求和已有基础，帮你筛选真正需要学习的词汇，避免时间浪费。

（三）情境应用与拓展

单纯记忆单词是不够的，DeepSeek 可以帮你将单词放入实际使用场景。

输入指令：请用今天学的 5 个新单词编造一个小故事。

DeepSeek 会创建包含这些单词的情境故事，帮助你在上下文中理解和记忆单词。

输入指令：我学了单词"negotiate"，请给我这个词在商务场景中的常见搭配和例句。

DeepSeek 会提供词语搭配、例句和使用场景，拓展你的词汇应用能力。

有了 DeepSeek，背单词不再是枯燥的"苦差事"，而是一场与遗忘曲线的智慧对抗。通过 DeepSeek，你不仅能掌握更多单词，还能理解记忆的科学原理，培养终身学习的能力。

记住，背单词不是目的，能够流利地使用这些单词表达思想、获取信息才是真正的目标。DeepSeek 不仅是你记忆单词的助手，更是你语言能力提升的伙伴。

解题透视眼：
拍照识别题目＋详细解析生成

还记得那些被各种作业难题困扰的日子吗？无论是数学题算不出来、物理概念理解不透，还是化学方程式写不全，我们都曾面对过这样的困境：题目就在那里，答案却遥不可及。有时甚至连问题到底在问什么都搞不明白，更别提解答了。

以前，遇到这种情况，我们可能会：

● 翻书找答案，但教材往往解释得太简略或太复杂。

● 打电话问同学，但他们可能也不会或者解释不清。

● 等第二天去问老师，但那时作业已经该交了。

● 在网上搜索，却找到一堆不相关或质量参差不齐的解答。

现在，有了 DeepSeek，这一切烦恼都可以一扫而空。

一、DeepSeek 解题的五大优势

（一）全科目覆盖

无论是数学、物理、化学、生物，还是历史、地理、语文，甚至是编程和专业课程，DeepSeek 都能提供相应的解答帮助。

（二）多层次解析

DeepSeek 会根据问题的复杂程度，提供由浅入深的解析。

● 核心答案：直接给出问题的解答。

● 解题步骤：详细展示从题目到答案的每一步骤。

● 原理解释：解释每一步骤背后的知识点和原理。

● 拓展知识：提供与题目相关的延伸知识。

（三）个性化解答

根据你的水平和需求，DeepSeek 可以调整解答的详细程度。

输入指令：这个解释太复杂了，能用更简单的方式解释吗？

DeepSeek 回复：当然可以，让我用更直观的方式重新解释……

（四）错误检测与纠正

如果你的解题思路有误，DeepSeek 会温和地指出问题所在，并引导你走向正确的方向。例如："我注意到你在第二步的计算中可能有一个小错误。在应用平方差公式时，正确的展开应该是……"

二、如何使用这个"神奇工具"？

使用 DeepSeek 的解题功能非常简单，基本可以分为三步。

第一步：拍照或上传题目。

将你遇到的难题通过拍照上传给 DeepSeek。尽量保证：

●照片清晰，没有强烈的阴影或反光。

●题目完整，包括题干和所有相关信息。

如果是电子文档中的题目，你也可以直接截图或复制文字发送给 DeepSeek。

第二步：确认题目内容。

上传后，DeepSeek 会自动识别题目内容，并转化为文字形式。这时候，你需要检查一下 DeepSeek 是否正确识别了题目，特别是一些特殊符号、公式或数字。如果有误，可以简单修正。

第三步：获取解析与理解。

确认题目无误后，DeepSeek 会开始分析题目并给出详细解答。你还可以进一步追问，要求更详细的解释或简化说明。

输入指令：能再解释一下这一步是怎么来的吗？我不太明白。

三、使用技巧：如何获得最佳解题体验

（一）提供完整信息

为了获得最准确的解答，请确保：

●题目内容完整，包括所有条件和要求。

●说明你的学习阶段（如"我是高二学生"），帮助DeepSeek 调整解答难度。

（二）分步骤提问

对于特别复杂的问题，你可以采取分步提问的策略。

例如：

输入指令：我先理解一下题目的基本设定……

DeepSeek 会提供基本解释。

继续输入指令：好的，现在我想知道如何应用这个公式……

（三）及时反馈理解情况

让 DeepSeek 知道你的理解程度，以便它调整解释方式。

例如：

输入指令：我现在明白了前半部分，但后面的微分方程解法还是不太清楚。

（四）寻求替代思路

有时一个问题可以用多种方法解决，不妨要求 DeepSeek 提供不同的解题思路：

例如：

输入指令：这道题还有其他解法吗？能用几何方法而不是代数方法来解决吗？

四、注意事项：学会"打鱼"，而不只是"得鱼"

尽管 DeepSeek 的解题能力非常强大，但请记住，它的目的是帮助你学习，而不是替代学习过程。以下是一些建议：

●理解为主，答案为辅。不要只关注最终答案，而是要理解解题过程和原理。

●先自己尝试。在求助前，最好先自己尝试解题，这样能更清楚地知道自己卡在哪一步。

●批判性思考。即使是 DeepSeek，也可能偶尔出错。养成验证答案的习惯，特别是重要的考试题目。

●循序渐进。先解决基础概念的疑惑，再挑战复杂问题，不要一开始就尝试最难的题目。

●善用知识延伸。问一问"为什么"和"还有什么相关知识"，扩展你的学习边界。

DeepSeek 不仅是一个解题工具，更是你学习路上的智能伙伴。它能帮你走出困境，建立信心，培养解决问题的能力。

记住，真正的学习不是得到答案的那一刻，而是理解答案背后的"为什么"。让 DeepSeek 帮助你不仅知其然，更知其所以然。

下次当你面对一道难题时，不妨拍下来，让 DeepSeek 带你一起思考、理解和成长。

作文精修工坊：
英语写作批改与润色指南

你是不是经常为英语写作而发愁？不知道自己写的句子对不对？不确定用词是否准确？文章写完后却不知如何修

改？如果你有这些困惑，那么恭喜你，DeepSeek将成为你英语写作路上的得力助手！

在正式开始前，让我们先了解DeepSeek能帮你做什么：

●纠正语法和拼写错误：就像一位严格但友善的英语老师。

●改进词汇选择：用更地道、更精准的词汇替换生硬的表达。

●优化句子结构：让句子更流畅，更符合英语思维习惯。

●提供整体建议：关于文章结构、逻辑连贯性的改进意见。

●解释修改原因：不只是告诉你"改什么"，还会告诉你"为什么改"。

一、如何使用 DeepSeek 批改英语作文

现在，让我们开始实际操作，一步一步教你如何使用DeepSeek来提升你的英语写作。

首先，你需要准备好想要修改的英语文章。如果是电子文档，可以直接复制文本；如果是纸质文档，你需要先输入到电脑中。

小贴士：确保你保留了原文的备份，这样你可以对比修改前后的差异。

登录DeepSeek后，开始一个新对话，然后告诉DeepSeek你的具体需求。清晰的指令能带来更好的结果。

（一）基础修改请求

输入指令：请帮我修改以下英语作文，纠正语法错误并改进表达。

[粘贴你的英语作文]

（二）详细修改请求

输入指令：请帮我修改以下英语作文，我需要：

1. 纠正所有语法和拼写错误。

2. 提升词汇水平（我目前大约是初中 / 高中 / 大学水平）。

3. 让句子更加流畅自然。

4. 保持我的原意不变。

[粘贴你的英语作文]

（三）针对特定场合的请求

输入指令：请帮我修改以下英语邮件 / 申请信 / 报告。这是发给我的老板 / 大学招生办 / 客户的。我希望语气专业但友好，用词准确但不过于复杂：

[粘贴你的英语文本]

DeepSeek 会返回修改后的文章，通常包括：

●修改后的完整文章。

●具体修改点的解释。

●对整体写作的评价和建议。

不要只看修改后的文章，更重要的是理解为什么要这样修改。这才是提高你英语写作能力的关键。

如果你对某些修改有疑问，或者想获取更多帮助，可以继续提问：

"能解释一下为什么把这个词改成那个词吗？"

"请给我提供更多同义词选择。"

"这段话还有其他的表达方式吗？"

"这个修改后的句子是否改变了我原来想表达的意思？"

DeepSeek 会耐心回答你的问题，这个过程也是你学习和提高的好机会。

二、英语作文润色的具体技巧

现在，让我们学习一些具体的英语作文润色技巧，这些都可以通过 DeepSeek 实现。

技巧 1：提升词汇多样性。

如果你的作文中反复使用同一个词（如不断重复"good""important"等），可以寻求 DeepSeek 的帮助。

输入指令：我的英语作文中多次重复使用了"good"这个词，请帮我用更丰富的词汇替换，但要保持难度适中，适合高中英语水平。

技巧 2：改进句式结构。

如果你的句子结构单一（如总是"主语+谓语+宾语"），可以向 DeepSeek 发送请求。

输入指令：请帮我改进以下段落的句式结构，使用更多样的句型，但不要太复杂，我是高中英语水平。

[粘贴你的段落]

技巧 3：增强文章连贯性。

如果你的文章缺乏良好的过渡和连接，可以这样请求

DeepSeek：

输入指令：请在我的文章中添加适当的过渡词和连接词，使各段落和句子之间更加连贯。

[粘贴你的文章]

技巧 4：调整语气和语调。

根据不同场合需要不同的语气，可以这样要求：

输入指令：请将以下邮件的语气调整得更加正式／友好／专业，适合发给上司／朋友／客户。

[粘贴你的邮件]

技巧 5：简化复杂表达。

有时你的表达可能过于复杂或啰唆，可以请求：

输入指令：请帮我简化以下段落，使表达更加简洁明了，同时保持原意。

[粘贴你的段落]

三、常见问题与解决方法

在使用 DeepSeek 进行英语写作润色的过程中，你可能会遇到一些问题，这里提供一些解决方法。

问题 1：DeepSeek 改动太多，改变了我原本的意思。

解决方法：告诉 DeepSeek 你希望保留原意，只修改语法和表达。

输入指令：请再次修改我的文章，这次请尽量保留我原来的表达方式和意思，只纠正语法错误和不自然的表达。

问题 2：DeepSeek 的修改太复杂，超出了我的英语水平。

解决方法：明确告诉 DeepSeek 你的英语水平和需求。

输入指令：请使用适合高中 / 大学英语水平的词汇和句型来修改我的文章，避免使用过于高级或复杂的表达。

问题 3：不确定 DeepSeek 的修改是否合适。

解决方法：要求 DeepSeek 解释修改理由。

输入指令：能否解释一下为什么要进行这些修改？特别是第二段的修改，我不太理解原因。

问题 4：需要针对特定考试或场合的修改。

解决方法：提供具体背景和要求。

输入指令：这是一篇托福独立写作，满分 30 分。请按照托福写作评分标准修改，特别注意论点清晰、例子具体、结构完整。

英语写作能力不是一蹴而就的，它需要时间、练习和反馈。DeepSeek 是你英语学习过程中的好帮手，但最终提高写作能力的还是你自己的努力和坚持。

每次使用 DeepSeek 修改文章后，花点时间思考：

● 我的写作中有哪些常见错误？

● DeepSeek 的哪些修改对我最有启发？

● 我下次写作时应该注意什么？

通过这样的反思和学习，你会发现，不知不觉中，你已经不那么依赖 DeepSeek 了，因为你自己的英语写作能力已经有了显著提升！

第四章

写作智创引擎：
从新媒体到小说的创作革命

在文字创作的广阔天地中，无论是新媒体爆文、文学作品，还是学术报告，我们常常面临灵感枯竭、结构混乱或表达不畅的困境。即使有好的创意，也苦于无法流畅地将思想转化为文字，这是许多创作者的共同痛点。

DeepSeek 不仅能帮你突破写作瓶颈、激发创意火花，还能协助你完善文章结构、优化表达方式。本章将教你如何借助 DeepSeek 让写作过程变得更加高效、流畅，使你的文字作品散发出独特的魅力与专业的光彩。

流量密码破解：
爆款标题＋热点文章生成公式

在信息爆炸的时代，如何让你的文章从海量内容中脱颖而出？无论是自媒体运营者、文案写手，还是普通创作者，掌握"爆款标题＋热点内容"的创作公式都至关重要。DeepSeek作为智能助手，能帮你快速破解流量密码——它不仅能实时追踪热点趋势，还能根据你的需求生成吸引眼球的标题和文章框架。即使你从未接触过内容创作，只要跟着本节的步骤操作，也能轻松写出符合平台算法的"爆款内容"。

一、爆款标题的四种万能公式

标题是内容的"第一眼印象"，决定了读者是否会点击阅读。通过分析数万条热门内容，我们总结出以下四种DeepSeek最擅长生成的标题模板，每种模板都附带操作示例。

（一）痛点提问法

公式：疑问词＋具体场景＋解决方案暗示

输入指令：生成3个关于"职场新人"的痛点提问式标题，要求包含"怎么办""如何解决"等关键词。

DeepSeek回复：

《刚入职就被同事甩锅怎么办？3招教你职场小白变"反甩锅高手"》

《领导总在下班前布置任务？打工人必备的"优雅拒绝话术"清单》

《月薪5000如何在北上广生存？这届年轻人已经发明了"拼租办公桌"》

（二）数字悬念法

公式：数字＋反常识结论＋领域关键词

输入指令：生成3个关于"家庭教育"的标题，要求包含数字和颠覆性观点。

DeepSeek回复：

《90%的家长不知道：每天多说这3句话，孩子成绩自动提升》

《毁掉孩子专注力只需7天？儿童心理师教你"垃圾玩具避雷指南"》

《5角钱道具＋1平方米空间：我居然在家做出了幼儿园同款感统训练》

（三）身份认同法

公式：特定人群＋情绪共鸣＋价值承诺

输入指令：针对30岁单身女性，生成3个引发情感共鸣的标题，要求包含"建议收藏""刷到就是赚到"等引导语。

DeepSeek回复：

《给30岁还单身的你：这4个"高质量独处法则"建议永久收藏》

《大龄未婚不是缺陷！刷到这篇的姐妹恭喜发现"人生开挂秘籍"》

《30 岁存款 50 万的单身女生：分享我的"反焦虑消费金字塔"》。

（四）测试互动法

公式：测试型问题＋结果诱惑＋低门槛提示

输入指令：生成 3 个心理测试类标题，测试结果要让人有分享欲望。

DeepSeek 回复：

《第一眼看到什么？测出你 2024 年最适合的副业类型（超准）》

《用早餐习惯判断财富体质：喝豆浆 VS 咖啡的人十年后差距惊人》

《垃圾袋怎么扔暴露情商？做完这题就知道同事为啥孤立你》

二、热点文章的"三明治结构"

有了好标题，还需要有内容承接流量。通过 DeepSeek 生成的"开头—主体—结尾"三段式结构，能让你的文章既符合算法推荐，又留住真实读者。

（一）黄金开头：5 秒抓住注意力

DeepSeek 三大撒手锏：

热评搬运：输入"关于'春节催婚'的最新抖音热评有哪些？选 3 条有争议的"。

数据冲击：输入"找近三年年轻人离婚率上升的权威数据，要反常识的"。

场景还原：输入"用'地铁偷听'体描写'00后'整顿职场的对话"。

生成示例：

"00后"简历上居然写"不接受团建"？

昨天在地铁听到两个 HR 的吐槽，让我瞬间理解为什么"整顿职场"能成百万爆款话题——最新数据显示，"00后"劳动仲裁胜诉率高达 87%，他们甚至发明了"劳动法版疯狂星期四"……

（二）干货主体：信息密度可视化

用 DeepSeek 可以实现"专业内容小白化"。

1. 步骤拆解

用 DeepSeek 写干货，能够把术语拆成日常语言，用"就像……"举例子，再结合生活场景说明，三步让复杂知识秒变家常话。

例如：

输入指令：把"基金定投"专业知识拆成做饭级别的 5 个步骤。

把"基金定投"专业知识拆成做饭级别的5个步骤。

第 已深度思考（用时 20 秒） ∨

好的！把「基金定投」的专业逻辑拆解成"做饭级"的5个步骤，小白也能轻松上手——

第一步：确定"菜谱"——想吃什么？花多少钱？

类比：做菜前先想清是炒青菜还是炖牛肉，预算多少。

基金定投版：

1. **目标**：
   - 短期（1–3年）：攒旅行基金、装修款 → **低风险**（货币基金、短债基金）
   - 长期（5年以上）：养老、孩子教育 → **中高风险**（指数基金、股票型基金）

2. **预算**：
   - 每月拿出收入的10%–20%（比如工资5000元，每月投500–1000元）。

第二步：买"食材"——选对基金类型

类比： 炒青菜用菜心，炖牛肉用牛腩，别买错肉！

基金定投版：

- **新手推荐食材：**
  - 沪深300指数基金（像"牛肉"，波动适中，长期稳）
  - 中证500指数基金（像"鸡胸肉"，波动大但潜力高）
- **避坑提醒：**
  - 别碰行业主题基金（类似"松露"，贵且难掌控）
  - 优先选费率低的（管理费<0.5%）。

第三步：开火定时——设置自动扣款

类比： 电饭煲定时煮饭，到点自动工作。

基金定投版：

1. **频率：** 每月发工资次日定投（防乱花钱）。
2. **渠道：** 支付宝、银行APP、天天基金网（选"智能定投"，低位多买）。
3. **实操：**
   - 打开支付宝 → 理财 → 基金 → 定投 → 输入金额 → 确认。

第四步：小火慢炖——坚持别掀锅盖

类比： 煲汤中途开盖会凉，定投中途赎回会亏。

基金定投版：

- **口诀：**
  - 跌了开心（同样钱买更多份额）
  - 涨了淡定（收益自然增长）
- **数据：**
  - 坚持3年以上，90%概率正收益（历史回测）。

第五步：定期调味——每年调整一次

类比： 炖汤太咸加点水，定投太久调比例。

基金定投版：

1. **检查目标：**
   - 孩子上大学还剩5年？ → 逐步减少股票基金比例。
2. **动态平衡：**
   - 原计划股债比例7:3 → 涨到8:2时，卖出10%股票基金买债基。

终极口诀：懒人定投法

1. 每月发工资后第二天，自动扣款买沪深300指数基金。
2. 卸载APP，5年后再看。
3. 收益大概率跑赢银行理财，且不用盯盘。

原理：

- 时间平滑波动（市场越震荡，定投成本越低）
- 强制储蓄（不知不觉攒下钱）。

举个栗子：

2018年1月－2023年1月，每月定投1000元沪深300指数基金：

- 总投入6万 → 最终约7.2万（年化≈7%）。

总结： 基金定投 ≈ 用电饭煲煮饭，傻瓜操作但能吃饱，别总想颠勺秀操作！

2. 对比表格

DeepSeek 可以制作对比表格，让复杂的知识变得一目了然。

例如：

输入指令：制作"租房 VS 买房"的 10 年成本对比表，要带 emoji 表情。

制作"租房VS买房"的10年成本对比表，要带emoji表情。

🦢 ⊗ 已深度思考（用时 20 秒）⌄

以下是**租房vs买房**的10年成本对比表（含关键emoji说明），基于典型城市案例计算，带可视化结论📊

基础假设

项目	数值	说明
房价	300万元	🏠90㎡×3.3万元/㎡
首付比例	30%	90万元
房贷利率	4.1%（等额本息）	月供约10,180元
租金初始价	5,000元/月	🏠同地段同户型

3. 避坑清单

DeepSeek 可以总结清单，列出清晰的知识条目。

例如：

输入指令：总结健身房办卡的 8 个隐藏套路，用"血泪教训"体。

总结健身房办卡的8个隐藏套路，用"血泪教训"体。

🦢 ⊗ 已深度思考（用时 18 秒）⌄

健身房办卡8大隐藏套路（血泪教训版） ❤️

——花3万买来的经验，看完能保命！

1. 低价年卡钓鱼法 🎣

套路："开业预售！999元/年！"交钱后拖半年不开业，退费时人去楼空。
血泪案例：朋友付了888元"创始会员费"，结果场地变菜市场，维权群至今无解。
避坑：开业前别交钱！查清资质+签"逾期开业全额退"合同。

2. "买3年送3年"废卡局 🎣

套路： 忽悠你办5—10年超长卡，第二年健身房倒闭或转让，新老板不认旧账。

血泪案例： 我花1.5万买5年卡，刚用1年就换招牌，新店要求加钱激活。

避坑： 最多买2年卡！优先选连锁品牌（倒闭风险低）。

---

3. 转卡费刺客 🗡️

套路： 合同小字写"转卡收30%手续费"，离职/搬家时被狠宰一刀。

血泪案例： 同事因工作调动想转卡，被告知3000元卡要交900元转卡费。

避坑： 签约前要求书面注明可免费转卡1次。

---

4. 休眠扣费黑洞 🕳️

套路： "暂停会员"每月仍扣30%管理费，复卡时欠费上千元。

血泪案例： 疫情封控3个月，解封后被告知欠费1080元，否则卡作废。

避坑： 合同写明"不可抗力免费冻结"，录音留存沟通记录。

---

5. 私教课捆绑PUA 🏋️ ♂️

套路： 办卡后疯狂推销私教课，不买就锁器械、冷暴力。

血泪案例： 女生被5个教练轮番洗脑"你体脂太高没救了"，贷款买了3万课包。

避坑： 进店就说"已怀孕/有教练"，坚决不加微信！

---

6. 澡堂子陷阱 🚿

套路： 签约时说"24小时热水"，实际晚上9点停热水，冬天洗澡冻到发烧。

血泪案例： 冬天练完冲凉水澡，次日重感冒，健身房拒赔医药费。

避坑： 探店选晚上高峰时段，亲自测试淋浴/更衣室！

---

7. 合同霸王条款 📜

套路： 写"最终解释权归本店所有""不退不换"，维权时反被起诉。

血泪案例： 因腰伤退卡，法院判消费者输（合同写了"疾病不退费"）。

避坑： 用手机拍合同，加一句"未尽事宜按《消费者权益法》执行"。

---

8. 续费恐吓术 📢

套路： 卡到期前3个月就天天催续费，声称"下周涨价50%"。

血泪案例： 被催续费说"最后一天优惠"，结果半年后更便宜，血亏2000元。

避坑： 到期前绝不提前续费！多数健身房月末冲业绩会降价。

保命总结

1. 合同加注"倒闭/搬迁无条件退剩余费用" ✍️
2. 付款走公账（拒私人转账），留发票+收据 🧾
3. 大众点评搜"转让"，二手卡往往打5折！ 🎟️

记住： 健身房的核心盈利模式——**赚不健身的人的钱！**
（防杠声明：良心健身房存在，但本文专治黑心商家）😈

（三）病毒结尾：引导传播的钩子

1.挑战类

输入指令：生成关于存钱挑战的互动话术，要带凡尔赛体。

生成：看完这篇还没开始记账？恭喜你获得"月光族终身成就奖"！

2.资源类

输入指令：给"PPT制作指南"结尾加个福利，要让人感觉错过就亏。

生成：私信回复"神图"领取50套绝版模板（某大厂总监被开除前备份的）。

3.悬念类

输入指令：为"二手房砍价攻略"设计一个让读者追更的结尾。

生成：下期揭秘：如何在链家系统里查到房东的真实心理价？关注我就告诉你代码……

三、热点追踪的"AI雷达系统"

DeepSeek能帮你建立全天候热点监控体系，具体操作分三级。

（一）日常监测（每天5分钟）

1.热搜提取

例如：

输入指令：指出今日抖音、微博、小红书三大平台热搜前20名，按领域分类。

2.热词分析

例如：

输入指令：指出最近一周"南方小土豆"相关话题，提取情绪关键词。

3. 竞品监控

例如：

输入指令：找出某头部博主上周数据最好的 3 条视频，分析标题共性。

（二）热点深挖（黄金 24 小时）

当突发热点出现时，可以用 DeepSeek 快速生产。

1. 速记模板

例如：

输入指令：用"5W1H"分析法整理"哈尔滨爆火"事件。

2. 角度拓展

例如：

输入指令：从经济学角度分析"哈尔滨现象"，列出 3 个反常识观点。

3. 本地化嫁接

例如：

输入指令：把"淄博烧烤"的成功经验改编成"成都茶馆"版本。

四、AI 内容优化"三重安检"

用 DeepSeek 给文章上最后三道保险，避免限流或翻车。

（一）敏感词过滤

输入指令：检查以下文案是否有违规风险。

【插入你的内容】

DeepSeek 会：

●标注可能触发审核的关键词，如"最便宜"→建议改为"性价比之选"。

●识别医疗、金融等特殊领域的绝对化表述。

●提示平台最新管制政策，如"小红书现禁止'素人逆袭'类对比图"。

（二）可读性优化

输入指令：把这段文字改得更口语化。

【插入段落文字】

DeepSeek 将：

●把长段落拆成短句＋表情包，如"（捂脸笑）说真的姐妹们"。

●自动插入热点梗，如"这操作属于秦始皇摸电门——赢麻了"。

（三）关键词植入

输入指令：在文章中自然插入"冬季养生""'00 后'养生"等 SEO 关键词，密度不超过 5%。

DeepSeek 会：

●用同义词替换堆砌的关键词,如"养生"→"朋克保健"。

●匹配相关长尾词，如"冬季养生"→"打工人办公室暖宫神器"。

●生成关键词埋点报告，如标题、前 100 字、结尾各出现核心词几次。

现在，打开 DeepSeek 输入框，用这个万能指令开始你的第一次爆款实验吧："请扮演资深内容运营专家，根据最近三天的热点，结合【你的领域】知识，按'痛点提问法'生成 5 个标题，并按'三明治结构'输出 800 字大纲。"

记住：流量没有玄学，只有经过验证的方法论。当你用 AI 把试错成本降到最低时，爆款迟早会来敲门。

小说构建系统：
人物→冲突→世界观的 AI 协同设计

在创作小说的过程中，构建一个引人入胜的故事世界是至关重要的。无论是人物塑造、冲突设计，还是世界观的搭建，每一个环节都需要精心打磨。而如今，借助 DeepSeek，我们可以更高效地完成这些任务。DeepSeek 不仅可以帮助我们生成灵感，还能在创作过程中提供实时反馈和建议，让小说创作变得更加轻松有趣。即使你是一个完全没有写作经验的小白，也能通过这种方法快速上手，构建出属于自己的故事世界。

一、人物设计——让角色活起来

小说中的人物是故事的灵魂。一个好的人物不仅要有鲜明的个性，还要有合理的动机和成长弧线。DeepSeek 可以帮助你从零开始设计一个立体的人物。

（一）人物基础设定

首先，你需要为你的角色设定一些基本信息，比如姓名、年龄、职业、外貌等。DeepSeek 可以根据你提供的关键词生成详细的人物描述。

例如：

输入指令：叛逆的 17 岁高中生，喜欢摇滚乐。

DeepSeek 回复：

姓名：林小川

年龄：17 岁

职业：高中生

外貌：瘦高个子，染了一头蓝色短发，喜欢穿破洞牛仔裤和黑色皮夹克。

性格：外表冷酷，内心敏感，对权威充满反抗精神，但对自己的朋友非常忠诚。

爱好：弹电吉他，写歌，深夜独自在屋顶看星星。

背景：父母离异，和母亲生活，但关系紧张，常常用音乐逃避现实。

（二）人物动机与目标

一个角色的动机是推动故事发展的关键。DeepSeek 可以帮助你挖掘角色的内心世界，找到他们的核心欲望和恐惧。你可以通过提问的方式，让 DeepSeek 帮你完善角色的动机。

例如：

输入指令：林小川的核心动机是什么？

DeepSeek 回复：林小川渴望被理解和认可，但他的叛逆行为常常让他陷入孤独。他的核心动机是通过音乐找到自己的声音，并证明自己不是别人眼中的"问题少年"。

（三）人物关系设计

人物之间的关系是故事冲突的重要来源。DeepSeek 可以帮助你设计角色之间的互动模式。你可以输入两个角色的基本信息，DeepSeek 会为你生成他们之间的关系描述。

例如：

输入指令：林小川和他的母亲之间的关系。

DeepSeek 回复：林小川和母亲之间的关系紧张，母亲希望他专注于学业，而林小川则认为母亲不理解他的梦想。两人常常因为小事争吵，但内心深处，他们都希望对方能够理解自己。

二、冲突设计——让故事充满张力

冲突是故事的核心驱动力。无论是人物之间的对立，还是角色内心的挣扎，冲突都能让故事更加引人入胜。DeepSeek 可以帮助你设计各种类型的冲突，并找到最合理的解决方式。

（一）外部冲突设计

外部冲突通常表现为人物之间的矛盾或对抗。你可以通过 DeepSeek 生成具体的冲突场景，并设计冲突的升级过程。

例如：

输入指令：林小川和学校校长之间的冲突。

DeepSeek 回复：林小川因为在校内组织摇滚乐队演出，被校长以"扰乱校园秩序"为由叫到办公室训话。校长要求他解散乐队，否则将面临退学处分。林小川愤怒地反驳，认为校长扼杀了学生的创造力，两人之间的冲突逐渐升级。

（二）内部冲突设计

内部冲突是角色内心的挣扎，通常与角色的动机和恐惧相关。DeepSeek 可以帮助你挖掘角色的内心矛盾，并设计出合理的心理变化过程。

例如：

输入指令：林小川的内心冲突。

DeepSeek 回复：林小川一方面渴望通过音乐证明自己，另一方面又害怕失败后会被人嘲笑。他内心挣扎于是继续坚持自己的梦想，还是听从母亲的建议，放弃音乐，专注于学业。

（三）冲突的解决与转折

冲突的解决方式决定了故事的走向。DeepSeek 可以为你提供多种解决方案，并分析每种方案对故事发展的影响。

例如：

输入指令：林小川和校长冲突的解决方案。

DeepSeek 回复：

方案 1：林小川妥协，解散乐队，专注于学业，但内心充满遗憾。

方案 2：林小川坚持自己的梦想，带领乐队参加校外比赛，用实力证明自己。

方案 3：林小川和校长达成协议，乐队可以在特定时间和地点演出，不影响学校秩序。

三、世界观设计——让故事背景更加真实

世界观是小说的舞台，它为故事提供了背景和规则。无论是现实世界还是虚构世界，DeepSeek 都可以帮助你构建一个逻辑自洽、细节丰富的世界观。

（一）世界基础设定

你可以通过 DeepSeek 生成一个世界的基础设定，包括时间、地点、社会结构等。

例如：

输入指令：未来科技高度发达但贫富差距极大的城市。

DeepSeek 回复：

城市名称：新曙光城。

时间设定：2157 年。

社会结构：城市分为上城区和下城区，上城区是科技精英和富豪的居住地，拥有最先进的设施；下城区则是普通工人和贫民的聚集地，环境破败，犯罪率高。

科技水平：人工智能和机器人技术高度发达，但资源分配极度不均。

文化特点：上城区崇尚科技与效率，下城区则保留着更多传统文化和手工艺。

（二）世界细节填充

为了让世界观更加真实，你需要为世界添加更多细节。DeepSeek 可以帮助你生成具体的场景、文化习俗、历史事件等。

例如：

输入指令：新曙光城的下城区的生活场景。

DeepSeek 回复：下城区的街道狭窄而拥挤，两旁是破旧的楼房和霓虹灯招牌。空气中弥漫着机油和垃圾的味道。街头小贩叫卖着廉价的食物，流浪汉蜷缩在角落里。每到夜晚，地下酒吧和黑市交易就会活跃起来，这里是法外之徒的天堂。

（三）世界与角色的互动

世界观不仅是背景，它还会影响角色的行为和故事的发展。DeepSeek 可以帮助你设计角色与世界之间的互动，让故事更加合理。

例如：

输入指令：林小川在新曙光城的生活如何影响他的性格？

DeepSeek 回复：林小川出生在下城区，从小就目睹了贫富差距和社会不公。这让他对权威充满不信任，同时也激发了他通过音乐表达反抗的欲望。他的音乐风格充满了对现实的批判和对自由的向往。

四、AI 协同设计——让创作更高效

DeepSeek 不仅可以帮你生成灵感，还可以在创作过程中提供实时反馈。你可以将写好的段落输入 DeepSeek，它会为你提供改进建议，或者帮你扩展内容。

（一）实时反馈与修改

你可以将写好的段落输入 DeepSeek，它会从语言表达、逻辑连贯性、情感张力等方面提供反馈。

例如：

输入指令：林小川站在屋顶，望着远处的上城区，心中

充满了不甘。

DeepSeek 反馈：可以加入更多细节描写，比如林小川的内心独白，或者他对上城区的具体感受。

修改后：林小川站在屋顶，望着远处灯火辉煌的上城区，心中充满了不甘。他握紧了拳头，低声自语："为什么他们可以拥有一切，而我们只能活在阴影里？"

（二）内容扩展与灵感激发

如果你卡在了某个情节上，DeepSeek 可以帮你扩展内容，或者提供新的灵感。

例如：

输入指令：林小川的乐队第一次演出，接下来会发生什么？

DeepSeek 回复：乐队的演出吸引了大量观众，但也引来了警察的注意。演出中途，警察以"噪声扰民"为由要求终止演出。林小川和乐队成员决定反抗，带领观众高喊口号，最终演变成一场小规模的抗议活动。

通过 DeepSeek 的 AI 协同设计，你可以轻松构建出立体的人物、紧张的冲突和丰富的世界观。无论你是写作新手还是经验丰富的作者，DeepSeek 都能为你提供强大的支持，让你的创作过程更加高效和有趣。

学术加速器：
文献综述自动生成与引文规范检测

对于学生、研究者甚至职场新人来说，学术写作往往是让人头疼的难题——光是整理海量文献、组织逻辑框架、检查引用格式，就足以消耗大量时间。DeepSeek 就像一个 24 小时在线的学术助手，能帮你从文献迷宫中快速突围。

一、确定主题——让 AI 听懂你的需求

如果你连研究方向都含混不清，可以直接把初步想法"说人话"告诉 DeepSeek。

例如：

输入指令：我想研究"社交媒体对青少年心理健康的影响"，但感觉这个题目太大了，能帮我缩小范围吗？

DeepSeek 回复：

细化方向建议：

特定平台：《TikTok 短视频与青少年身体焦虑的关系》

特定群体：《留守青少年在社交媒体中的情感补偿机制》

特定症状：《Instagram 使用时长与睡眠质量相关性研究》

二、文献收集——智能检索不迷路

DeepSeek 可以为你提供检索文献的建议。

例如：

输入指令：查找关于"短视频与青少年注意力缺陷"的被引量 Top3 的英文论文、中文核心期刊综述类文章、相关硕博论文研究方法章节。

DeepSeek 将给出专业的检索方案和获取路径建议。

已深度思考（用时 39 秒） ⌄

以下是关于"短视频与青少年注意力缺陷"相关文献的检索建议及推荐资源，分为英文论文、中文综述和硕博论文研究方法三部分：

一、英文高被引论文（被引量Top3建议）

1. 标题: *The Impact of Social Media on Adolescent Attention and Cognitive Control*
   - 作者: Duke, E., & Montag, C.
   - 期刊: *Computers in Human Behavior* (2017)
   - 关键词: 短视频与注意力分散、多任务处理对认知的影响。
                                                  "short-form video" AND
   "attention deficit" AND adolescents

2. 标题: *Digital Media and Developing Brains: Concerns About Adolescent Screen Time*
   - 作者: Twenge, J.M., & Campbell, W.K.
   - 期刊: *Perspectives on Psychological Science* (2018)
   - 亮点: 长期追踪短视频对青少年注意力持续性的影响。

三、文献分析——AI 帮你读论文

直接把论文摘要或 PDF 文本上传给 DeepSeek。

例如：

输入指令: 用200字总结这篇文献的研究方法和主要结论。

📄 论文.doc
DOC 37.5KB

用200字总结这篇文献的研究方法和主要结论。

 已深度思考（用时 24 秒） ⌄

这篇文献系统梳理了国内关于中国利率期限结构与前瞻性货币政策信息的研究，主要采用**实证分析方法**，包括回归模型（线性/非线性）、向量自回归（VAR）、单位根与协整检验、Granger因果检验等，并结合**利率期限结构模型**（如Nelson-Siegel、B-样条、NSS模型）进行曲线拟合与信息提取。研究显示：

1. **预期理论适用性存争议**: 部分研究支持银行间/交易所市场符合预期理论（唐齐鸣等，2002；吴丹等，2005），但其他结果否定（朱世武等，2004）。

2. **货币政策信息价值**: 利率期限结构对通胀预测能力有限（朱世武，2003），但利差可预测产出增长（宋福铁等，2004）和未来利率（郭涛等，2008）；长期利率与CPI相关且领先3个月（康书隆等，2010）。

3. **模型选择影响结论**: NSS模型在拟合中国利率曲线中表现较优（朱世武，2003）。
   不足: 数据时间短、市场成熟度低、模型差异且结构变化未充分考量，导致结论分歧。研究凸显利率市场化进程中，利率期限结构的信息潜力与实证挑战并存。

四、综述生成——从碎片到框架

将上一步中 DeepSeek 总结好的各个文献的研究方法和主要结论汇总，再次上传给 DeepSeek，即可生成一篇完整的文献综述。

例如：

输入指令：将以上文献信息整合为一篇 2000 字的文献综述。

DeepSeek 回复：传统社会学习理论强调观察模仿（Bandura，1977），而短视频算法通过"沉浸测试—行为预测—内容轰炸"三阶段模型（Zhang et al.，2021），创造了超强化的即时反馈循环。值得注意的是，Chen(2023)的脑成像研究表明，算法推送产生的多巴胺峰值是传统电视观看的 2.3 倍⋯⋯

五、引文规范——避坑指南

用户可以将写好的段落丢给 DeepSeek 做格式检查。

例如：

输入指令：检查以下引文是否符合 APA 第 7 版格式。

【粘贴你的引用段落】。

DeepSeek 回复：

修正反馈：

▶错误 1：作者超过 3 人时应缩写为 "et al."（原文写了全部姓名）。

▶错误 2：网络资源需补充检索日期（缺 "Retrieved

March 12, 2024"）。

用好 DeepSeek 不是走捷径，而是把时间留给真正的创新思考。当你从文献搬运工变成趋势洞察者时，学术写作就会从苦役变为创造的过程。

第五章

商业增长宝典：
市场分析到风险预警的全链条打法

在竞争激烈的商业世界中，企业家和营销人员常常为市场变化而头疼：市场趋势分析令人眼花缭乱，而财务风险又难以预测。

翻开本章，你将发现智能技术如何成为商业决策的得力助手。从海量数据中提炼关键洞察、预测消费者行为趋势、评估不同方案的潜在回报——这些曾经需要专业团队夜以继日工作的任务，现在可通过简单的对话完成。跟随我们的指引，掌握这套从市场分析到风险预警的全链条打法，让你的商业决策更加明智！

行业透视镜：
自动生成趋势报告（附 10 个 Prompt 模板）

在信息爆炸的时代，普通人获取有效行业信息如同大海捞针。传统方式存在三大痛点：碎片化信息让人迷失在数据洪流中，专业报告犹如天书且价格高昂，滞后数据导致决策总在追赶过去。

普通人痛点：

● 刷抖音看到奶茶店倒闭潮，但隔天又看见新品牌排长队。

● 想开宠物店，搜到的信息要么是广告，要么是 5 年前的数据。

● 花大价钱买的报告，发现结论是"市场规模将持续增长"这种正确的废话。

DeepSeek 能帮你做什么：

把全网零碎信息（微博吐槽、外卖数据、企业公告）拼成完整拼图。

用"说人话"告诉你"现在什么好卖、为什么好卖、接下来可能卖什么"。

提醒你"看起来火爆但千万别碰"的坑。

知识卡片：趋势分析的三层结构

以奶茶店为例。

①表层现象：奶茶店突然流行椰奶口味。

②中层规律：健康饮食风潮＋供应链成熟。

③底层逻辑：Z世代消费主权崛起。

一、3步生成靠谱报告

以奶茶店为例。

第一步：问对问题。

错误问法："奶茶行业怎么样？"（太宽泛）

正确问法："最近半年，成都春熙路商圈新开了多少家20—30元价位的奶茶店？关了多少家？存活下来的店有什么共同特点？"

第二步：加过滤器，就像淘宝筛选商品。

输入指令：

●只看小红书和大众点评的真实用户评价。

●排除明星代言的网红店。

●重点看写字楼周边的店铺数据。

第三步：要结果。

等10秒钟，得到这样的报告：

最近半年，成都春熙路商圈新开了多少家20—30元价位的奶茶店？关了多少家？存活下来的店有什么共同特点？

·只看小红书和大众点评的真实用户评价。
·排除明星代言的网红店。
·重点看写字楼周边的店铺数据。

Q 已搜索到 43 个网页 >

🔲 已深度思考（用时 32 秒）∨

根据用户要求，结合小红书、大众点评等的真实用户评价，并排除明星代言的网红店，针对成都春熙路商圈写字楼周边20—30元价位奶茶店的近半年（2024年9月至2025年3月）开闭店情况及存活特点，综合分析如下：

一、新开与关闭情况

1. 新开店铺

·**写字楼周边新店特征：**
春熙路商圈写字楼密集区域（如IFS、太古里周边）近期新开奶茶店以中小型连锁品牌为主，主打性价比和便捷性。例如：

· **茶婆子茶饮：** 2024年6月被推荐为春熙路必喝饮品，主打鲜榨果汁和芒果冰沙，人均15—25元，选址靠近写字楼，满足白领健康轻食需求 ① ④。

· **大通冰室：** 以鸡蛋仔和丝袜奶茶组合为特色，人均20元，近期在潮流广场附近新开分店，用户评价称"出餐快"，适合午休时间购买"④。

2. 关闭店铺

·**高竞争与租金压力：**
春熙路商圈写字楼周边奶茶店闭店率较高，用户反馈显示以下原因：

· **同质化严重：** 部分独立奶茶店因缺乏产品创新被淘汰，如某主打"水果茶"的小品牌因口味单一被差评，最终闭店 ④。

· **租金成本过高：** 如银石广场附近一家奶茶店因月租金超8万元难以盈利，2025年1月停业 ⑯。

二、10 个拿来就用的提问模板

●防坑必备型

"现在想开_____店，帮我找 5 个正在悄悄关门的同行，看看他们做错了什么。"

●找冷门机会型

"在_____行业里，有哪些看起来不起眼但实际很赚钱的小生意？"

●跟风预警型

"最近抖音上很多人在做_____生意，是真实机会还是割韭菜？"

●选址神器型

"帮我对比北京朝阳大悦城和上海五角场商圈，哪个更适合开_____店？"

●定价攻略型

"在二线城市小区门口卖_____，定多少钱既能让大妈觉得划算，又能赚钱？"

●季节规律型

"_____生意夏天和冬天的玩法有什么不同？需要提前多久准备？"

●成本拆解型

"开一家_____店，除了房租和装修，还有哪些隐藏烧钱的地方？"

●顾客心理型

"买_____的人最在乎什么？包装好看 / 便宜 / 拍照发朋友圈？"

● 进货指南型

"_____产品的供应商里，哪些是工厂直供，哪些是倒爷赚差价？"

● 未来预测型

"接下来半年，_____行业可能会发生哪三件影响小商家的大事？"

这套方法论的价值不在于替代人类思考，而是将行业分析从"专家特权"变为"平民武器"。当外卖小哥能用它分析商圈人流规律，退休阿姨能用它判断社区团购趋势时，这才是技术民主化的真正要义。现在，你准备好用这份指南，在瞬息万变的市场风云中，成为第一个看见彩虹的人了吗？

BP 生成流水线： 从创意到完整商业计划书

很多人创业都卡在了第一步：要么对着空白的文档大脑一片空白，好不容易憋出个点子，又被"市场行不行""怎么赚钱"这些问题砸得头晕眼花。

现在你不需要独自死磕了——DeepSeek 就像一个全天在线的创业教练，从帮你脑暴新奇点子，到自动生成有模有样的计划书。接下来二十分钟，你会亲眼看到：怎么用 5 个傻瓜式步骤，把"我想创业"的念头变成带数据、带图表，还能自动查漏补缺的商业计划书。

第一步：从 0 到 1 生成创意

例如：

输入指令：我现在想创业但完全没有方向，请根据 2025 年消费趋势给出 10 个适合个人创业的创新项目建议，要求符合"00 后"消费习惯，启动资金不超过 10 万元。

DeepSeek 会给出适合个人创业的创新项目建议。

用"追问模式"细化创意，输入指令：针对第三个宠物经济细分服务，请分析一线城市市场规模和竞争对手情况。

针对第三个宠物经济细分服务，请分析一线城市市场规模和竞争对手情况。

🐾 🔍 已搜索到 49 个网页 ›

💭 已深度思考（用时 17 秒） ⌄

一、一线城市宠物经济细分服务市场规模分析

根据2025年最新数据，中国宠物经济整体市场规模已突破3000亿元，其中宠物服务市场（包括医疗、美容、寄养、殡葬等）占比约16%—30%，成为增速最快的细分领域 ② ⑧ ⑪。在一线城市，这一趋势尤为显著：

1. 高消费力支撑市场规模
   ◦ 单只宠物年均消费金额在一线城市普遍高于全国平均水平，例如北京、上海、深圳等地犬猫年均消费分别达到3000—4000元，远超全国平均的2000—2800元 ⑧ ⑪。
   ◦ 宠物医疗和美容服务是主要支出项，占比超60%，其中疫苗、体检、手术等医疗需求年均增长12%以上 ⑥ ⑪。

生成风险评估，输入指令：列出这个项目可能面临的 3 个主要风险及应对方案。

🐾 已深度思考（用时 27 秒） ∨

宠物经济细分服务项目的3个主要风险及应对方案

风险1：市场竞争激烈，差异化突围困难

具体表现：

- 头部连锁品牌（如新瑞鹏、瑞派）凭借资本和规模优势挤压小微企业的生存空间；
- 新兴细分领域（如宠物殡葬、行为矫正）涌入大量模仿者，导致同质化竞争加剧。

应对方案：

1. **精准定位细分客群：**
   - 聚焦"高情感附加值"需求，例如推出宠物骨灰纪念品定制（如骨灰琉璃饰品）、宠物生前影像数字遗产管理等高端服务，避开价格战。
   - 针对特定宠物类型（如异宠殡葬）或特殊场景（如宠物临终关怀）开发差异化产品。

第二步：市场验证

要求 DeepSeek 对关键问题进行排查：

- 我的目标客户是谁（年龄／地域／消费习惯）？
- 行业头部品牌有哪些？
- 同类产品定价区间是多少？
- 政策法规有哪些限制？

例如：

输入指令：我想在上海开智能健身舱，请分析徐汇区竞争状况，要求包含现有品牌、设备类型、每小时定价。

我想在上海开智能健身舱，请分析徐汇区竞争状况，要求包含现有品牌、设备类型、每小时定价。

🐾 Q 已搜索到 50 个网页 ∨

🐾 已深度思考（用时 21 秒） ∨

根据搜索结果和行业情况，以下是徐汇区智能健身舱的竞争状况综合分析：

一、徐汇区健身市场概况

徐汇区作为上海中心城区，经济实力强劲（2024年GDP达3931.2亿元，居中心城区第一），政策支持力度大（如2025年计划投入50亿元专项资金推动产业发展）① ③ ⑦。区域内科技与新兴产业蓬勃发展，人工智能、数字经济等领域的布局为智能健身设备提供了技术支持和市场潜力。同时，徐汇区市民健身需求旺盛，政府公益性健身活动（如市民健身课堂）覆盖多个街道，但传统健身模式仍占主流 ⑤。

第三步：构建计划书大纲

DeepSeek 可以快速生成完整的计划书大纲，帮你搭建包含项目概述、市场分析、目标规划、实施方案和财务预测的专业结构框架。

例如：

输入指令：请生成一份社区老年助餐项目的商业计划书大纲，要包含执行摘要、运营模式、财务规划等标准模块，用 Markdown 格式呈现。

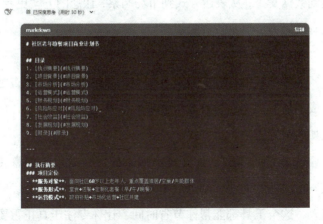

第四步：逐项填充内容

DeepSeek 可以基于商业计划书大纲，逐项细化分析并生成相应的详细内容。

例如：

输入指令：现在请详细撰写奶茶店"运营模式"这部分内容。

> 已深度思考（用时18秒） ∨
>
> 以下为奶茶店"运营模式"模块的详细内容撰写，涵盖核心环节与落地细节：
>
> ---
>
> **四、运营模式**
>
> **1. 供应链管理**
>
> **（1）原料采购体系**
>
> **• 核心原料直采**
>
>   ∘ 茶叶：与福建、云南茶园签订长期协议，锁定春茶/秋茶批次（年采购量≥5吨）
>
>   ∘ 乳制品：选择区域性乳企（如光明、新希望），采用每周2次冷链配送
>
>   ∘ 水果：本地批发市场直购（芒果、草莓等高频品类日配到店）

第五步：优化提升

DeepSeek 能够全方位优化您的商业计划书，从逻辑结构到数据支撑，从表达方式到市场洞察，让您的方案更专业、更有说服力、更具投资吸引力。

例如：

上传已经制作好的商业计划书，并输入指令：审查之前生成的所有内容，检查逻辑连贯性，补充章节过渡句，使用更加通俗易懂的表达方式。

运用 DeepSeek，你已经掌握了如何将简单的创意转变成一份专业的商业计划书。不管你是创业新手还是有经验的商人，这个工具都能帮你节省时间，让你专注于真正重要的事情——实现你的商业梦想。

下一次当你有了好点子，不要让它只停留在脑海中，用 DeepSeek 把它变成一份完整的计划书，向世界展示你的创意吧！

智能客服训练：
话术库构建

在这个"客户为王"的时代，优质的客户服务已经成为企业的必备武器。无论是线上商城、餐饮服务，还是教育培训机构，客服质量往往决定了客户的满意度和忠诚度。但是，招聘和培训一支专业的客服团队既费时又费钱，特别是对于中小企业来说更是一大挑战。这时候，DeepSeek 的智能客服训练功能就派上了大用场，它能帮你轻松打造一支"永不疲劳、专业贴心"的 AI 客服团队。

而在智能客服训练中，最核心的环节就是话术库的构建。一个好的话术库就像是为 AI 客服准备的"锦囊妙计"，能够让它在各种情况下都有恰当的回应，既专业又亲切。本节将带你一步步了解如何利用 DeepSeek 构建一个强大的智能客服话术库。

一、话术库是什么，为什么它这么重要？

在深入了解构建方法前，我们先来了解什么是话术库，以及为什么它对智能客服如此重要。

简单来说，话术库就是一个包含各种客户服务场景下标准回应的集合。它就像是一本"客服说话指南"，告诉客服在面对不同问题和情况时，应该如何专业、得体地回应。

传统客服培训中，我们会给新人准备话术手册，包含常见问题解答、处理投诉的技巧、销售话术等内容。而智能客服的话术库，本质上就是这种手册的数字化版本，只不过它更加系统、全面，而且能被 AI 直接"学习"和应用。

话术库之所以重要，主要有以下几个原因：

● 标准化服务：确保每位客户都能获得一致的服务体验。

● 提高效率：面对常见问题，AI 能快速给出准确回应。

● 专业形象：精心设计的话术能展现出企业的专业度。

● 情感共鸣：适当的话术能与客户建立情感连接。

● 品牌统一：通过话术传递一致的品牌声音和价值观。

二、如何用 DeepSeek 构建智能客服话术库

现在，让我们一步步学习如何使用 DeepSeek 来构建一个全面、有效的智能客服话术库：

第一步：梳理客服场景和问题类型

在构建话术库之前，我们需要先梳理出客服可能面对的各种场景和问题类型。这就像是在盖房子前先画好设计图，有了清晰的框架，后续的工作才能有序进行。

例如：

输入指令：我正在为一家线上服装商城构建智能客服话术库，请帮我梳理出客服可能面对的主要场景和问题类型。

DeepSeek 会帮你分析并列出详细的场景分类：

🐋 已深度思考（用时 30 秒） ⌄

为线上服装商城构建智能客服话术库时，需覆盖以下核心场景及问题类型，按优先级和频率分类整理：

一、售前咨询场景

1. 产品信息咨询

- 尺码推荐（不同品牌差异、体型适配）
- 面料材质与洗涤说明（是否缩水、起球）
- 颜色与实拍差异（灯光/屏幕色差问题）
- 商品库存状态（预售、缺货、补货时间）
- 搭配建议（跨品类推荐，如上衣配下装）

2. 促销活动咨询

- 优惠券使用规则（叠加限制、过期时间）
- 满减/满赠活动细则（门槛计算、赠品选择）
- 会员专属权益（积分兑换、生日优惠）
- 限时折扣与预售定金规则

3. 服务政策咨询

- 退换货期限与条件（未拆封、吊牌保留）

这样的场景梳理非常全面，为后续的话术设计提供了清晰的框架。你可以根据自己企业的实际情况，让 DeepSeek 调整或补充这个框架。

第二步：设计不同场景的标准话术

有了场景框架后，接下来就是为每种场景设计专业、贴心的标准话术。这些话术要既符合企业形象，又要真诚自然，避免生硬的"机器人感"。

例如：

输入指令：请为"退换货处理"这个场景设计一套标准话术，包括初始回应、流程引导、解决方案和结束语。我们的品牌调性是年轻、亲切且专业。

DeepSeek 会为你设计符合品牌调性的专业话术：

🐬 已深度思考（用时 23 秒） ∨

以下是为「退换货处理」场景设计的标准话术模板，结合**年轻、亲切且专业**的品牌调性，分阶段设计回应内容：

---

1. 初始回应（共情确认）

场景： 用户提出退换货需求

话术：

💬 "小姐姐/小哥哥别着急，我们一定帮您解决好！请问是尺码不合适，还是商品有什么问题呢？ 🫶 您描述一下情况，我来给您最适合的解决方案～"

要点：

- 用"小姐姐/小哥哥"拉近距离，避免刻板的"尊敬的客户"
- 添加表情符号（适度）传递轻松感
- 主动询问原因，为后续分类处理铺垫

这些话术涵盖了退换货处理的各个环节，从初始回应到结束语，每一部分都体现了"年轻、亲切且专业"的品牌调性。话术中使用了轻松的语气、表情符号和口语化表达，但同时保持了专业性和解决问题的明确指引。

第三步：完善特殊情况应对话术。

除了常规场景，客服还会遇到一些特殊情况，如客户情绪激动、提出无理要求或需要升级处理等。为这些情况准备专门的应对话术，可以让 AI 客服在复杂情况下也能从容应对。

例如：

输入指令：请为处理"情绪激动的客户"设计一套应对话术，包括安抚情绪、查找原因、解决问题和有效结束对话的方法。

DeepSeek 会给出专业的情绪处理话术：

❤ 已深度思考（用时22秒）∨

以下是为处理**"情绪激动的客户"设计的应对话术模板，结合年轻、亲切且专业**的品牌调性，分阶段提供应对策略，包含安抚情绪、定位问题、解决问题与结束对话的完整链路：

一、安抚情绪（共情优先，降低对抗）

话术示例

💬 "小姐姐/小哥哥，真的特别理解您的心情！换成是我遇到这种情况也会很着急的😭，您先别生气，我马上帮您解决！"

💬 "看到您这么生气，我们真的很抱歉！您放心，今天一定会给您一个满意的答复❤。"

关键技巧

1. **快速共情**：用"理解""换成是我也会"等句式消除对立感。
2. **称呼软化**：避免"您冷静一下"等命令式语言，改用"小姐姐/小哥哥"拉近距离。
3. **承诺行动**：强调"马上解决""今天答复"，传递确定性。

这套话术专门针对情绪激动的客户，从安抚情绪开始，到查找原因、分阶段解决问题，再到提供补偿和后续跟进，形成了一个完整的处理流程。这些话术不仅能有效缓解客户情绪，还能高效解决问题，维护良好的客户关系。

第四步：个性化品牌话术风格。

每个企业都有自己独特的品牌调性和文化，AI客服的话术也应该反映这种独特性。通过定制话术的语气、用词和表达方式，可以让AI客服成为品牌形象的自然延伸。

例如：

输入指令：我们的品牌是一家主打环保理念的户外运动装备店，客户群体主要是25—40岁的户外运动爱好者。请帮我优化一下常见问候语和结束语，使其更符合我们的品牌调性。

DeepSeek会为你设计符合品牌调性的特色话术：

🐬 已深度思考（用时 34 秒） ⌄

以下是为**环保理念户外运动装备店**设计的问候语与结束语优化方案，结合**自然探索、环保责任、专业户外**三大核心要素，适配25—40岁户外爱好者群体的语言风格：

一、问候语设计

1. 通用开场（初次咨询）

💬 "你好呀，自然探索者！欢迎来到[品牌名]——让每一次冒险都成为地球的温柔足迹⚠️ 需要推荐环保装备还是解答使用问题？我随时在线！"

设计亮点：

- **身份认同：**用"自然探索者"替代"亲"，强化用户与户外场景的联结。
- **价值观传递：**嵌入"地球的温柔足迹"呼应环保理念。
- **行动引导：**明确服务范围（装备推荐/问题解答），提升沟通效率。

这些定制化的话术完美融合了环保理念和户外运动元素，通过使用"探险""向导""自然"等相关词汇，以及加入环保理念的表达，使客服话术与品牌调性高度一致。这样的话术不仅能有效解决客户问题，还能增强品牌认同感和情感连接。

第五步：训练 DeepSeek 理解行业专业术语。

每个行业都有自己的专业术语和知识体系。要让 AI 客服能够准确理解和回应客户的专业问题，需要教会它理解行业术语和专业知识。

例如：

输入指令：我们是一家摄影器材店，客户经常会询问关于相机参数和摄影技巧的问题。请帮我整理一份摄影领域的专业术语解释和常见问题回答，帮助 AI 客服更好地理解和回应这类专业问题。

DeepSeek 会为你提供行业专业知识的整理：

🐳 已深度思考（用时 19 秒） ∨

以下是针对摄影器材店的摄影专业术语解释和常见问题解答模板，分为「专业术语库」和「常见QA库」两部分：

一、摄影专业术语解释库

相机参数类

1. **光圈（Aperture）**
   - 定义：镜头开口大小，用值表示（如f/1.8、f/16）
   - 作用：控制进光量及景深（f值越小，背景虚化越强）
2. **快门速度（Shutter Speed）**
   - 定义：感光元件曝光时间（如1/1000秒、30秒）

这份专业知识库不仅包含了摄影领域的核心专业术语解释，还提供了常见专业问题的详细回答。通过这样的知识库，AI 客服能够准确理解客户提问中的专业术语，并提供专业、有深度的回答，大大提升客户体验和专业形象。

三、话术库构建的五大技巧

在使用 DeepSeek 构建话术库的过程中，以下 5 个技巧可以帮助你构建更加高效、实用的客服话术系统。

（一）情景多样化

客户咨询往往不会完全按照你设想的方式提问。同一个问题，可能有多种不同的表达方式。因此，在设计话术库时，应该为同一个问题准备多个版本的回答，以应对不同情况。

例如：

输入指令：请为"产品缺货"情况设计三种不同情景下的回应话术：①临时缺货即将到货；②长期缺货无具体到货时间；③产品已停产。

DeepSeek 会为你设计多种情景的应对话术，以确保 AI 客服能灵活应对各种情况。

（二）注重情感连接

优秀的客服不仅是回答问题，更重要的是与客户建立情感连接。在设计话术时，要注重加入共情元素，让客户感受到被理解和尊重。

例如，不要只是说"我们会为您处理这个问题"，而是可以说"我完全理解这种情况带给您的困扰，换作是我也会感到着急。请放心，我会优先处理这个问题……"

通过加入情感元素，让话术更有温度，客户也会感受到你的用心和重视。

（三）简明专业兼具

好的话术应该既简明扼要，又专业到位。避免使用太多行业术语让客户听不懂，也不要啰啰唆唆讲太多无关信息。

在使用 DeepSeek 设计话术时，可以特别强调：

●一段话术解决一个问题。

●控制每段话术的长度，3—4 句话即可。

●先给出直接答案，再补充必要的解释。

●使用客户容易理解的语言表达专业内容。

（四）预设升级机制

并非所有问题都能由 AI 客服直接解决，一些复杂情况需要人工客服介入。在设计话术库时，应该明确设定哪些情况需要升级，以及升级的话术应该如何表达。

例如："感谢您的耐心。您提到的这个情况比较特殊，为了更好地解决您的问题，我想邀请我们的专业客服顾问来协助您，可以吗？"

清晰的升级机制可以确保客户问题得到合适的处理，避免 AI 客服"硬撑"导致的客户体验下降。

（五）持续优化更新

客服话术不是一成不变的，需要根据实际使用情况不断优化和更新。可以定期分析 AI 客服的对话记录，找出以下几点：

●哪些问题最常被问到但未被很好解答。

●哪些话术引起了客户的正面反馈。

●哪些话术可能导致客户不满或投诉。

然后利用 DeepSeek 对这些点进行针对性优化，让话术库越来越完善。

构建一个全面、专业、有温度的 AI 客服话术库，不仅能提升客户服务效率，更能为企业带来以下核心价值：

●品牌形象提升：统一、专业的话术展现企业形象和价值观。

●客户满意度增加：精心设计的话术能更好地解决客户问题，提升满意度。

●运营成本降低：AI 客服能处理大量常规问题，减轻人工客服负担。

●业务转化提升：专业的产品解释和个性化推荐能提高转化率。

●数据洞察积累：通过分析客户问题模式，为产品和服务改进提供依据。

通过 DeepSeek 的强大功能，即使是小型企业也能轻松构建专业的 AI 客服话术库，以较低的成本提供高质量的客户服务，从而在激烈的市场竞争中赢得优势。

财务预测魔方：
销售预测与现金流模型自动化

每当提到"财务预测"这个词，很多人的第一反应就是头疼。那些密密麻麻的数字、复杂的公式和永远平衡不了的表格，确实让人望而生畏。无论你是创业者、小店主，还是部门经理，财务预测都像是一座难以攀登的高山。

"我该如何预测下个季度的销售额？"

"如果推出新产品，我的现金流会受到什么影响？"

"我的企业几个月后还有足够的资金运转吗？"

这些问题直接关系到企业的生死存亡，却又不是每个人都能轻松回答的。传统的解决方案通常是：

●聘请昂贵的财务顾问（许多小企业负担不起）。

●学习复杂的财务软件（需要花费大量时间）。

●使用简单但不够精确的估算（可能导致错误决策）。

但现在，有了 DeepSeek，这一切都变得简单多了！我们可以将 DeepSeek 变成一个强大的"财务预测魔方"，帮助你轻松搭建销售预测和现金流模型，无须财务背景，也能做出专业级的财务分析。

在深入了解具体操作前，先来看看 DeepSeek 能够帮助你解决哪些问题。

●销售预测：根据历史数据和市场趋势，预测未来的销售额。

●现金流模型：了解资金何时流入、何时流出，确保企业不会"有钱赚却没钱花"。

●敏感性分析：测试不同情景（如价格变动、成本增加）对财务的影响。

●盈亏平衡分析：计算达到收支平衡需要的销售额。

●投资回报计算：评估新项目或新产品的投资价值。

●财务决策支持：为重要业务决策提供数据支持。

最棒的是，使用 DeepSeek 进行这些分析，你不需要成为财务专家，也不需要掌握复杂的 Excel 技巧。DeepSeek 会用通俗易懂的语言引导你完成整个过程，就像有一位专业财务顾问随时在你身边一样。

一、三步打造你的销售预测模型

销售预测是所有财务规划的基础。毕竟，如果你不知道钱从哪里来，就很难规划钱该怎么花。下面，我们将通过 3 个简单步骤，利用 DeepSeek 创建一个专业的销售预测模型。

第一步：整理你的基础数据。

首先，你需要收集一些基本数据，作为预测的起点。别担心，不需要太复杂的数据，通常以下几项就足够了：

●过去 6—12 个月的月度销售数据。

●主要产品或服务的价格。

●季节性因素（如适用）。

●已知的影响因素（如即将举行的促销活动、新产品发布等）。

如果你没有完整的历史数据，也不用担心！DeepSeek 可以帮你从有限的信息中构建合理的预测模型。

例如：

输入指令：我想预测我的咖啡店未来 3 个月的销售额。我只有过去 3 个月的数据：1 月销售额 3 万元，2 月 2.8 万元，3 月 3.2 万元。我们计划在 5 月推出新的季节限定饮品，预计会增加约 15% 的销售额。你能帮我做一个简单的销售预测模型吗？

> 我想预测我的咖啡店未来3个月的销售额。我只有过去3个月的数据：1月销售额3万元，2月2.8万元，3月3.2万元。我们计划在5月推出新的季节限定饮品，预计会增加约15%的销售额。你能帮我做一个简单的销售预测模型吗？

🐋 ▦ 已深度思考（用时 149 秒） ⌄

根据你提供的数据和需求，我将构建一个简单但合理的销售预测模型。以下是分步预测过程：

基础模型构建

1. 计算基线销售额（移动平均法）
使用过去3个月的平均值作为4月基础预测：
(30,000 + 28,000 + 32,000) ÷ 3 = **30,000元**

2. 季节性活动调整
5月推出新品预计提升15%销售额，假设：

- 新品效应仅作用于5月和6月
- 自然增长趋势参考3月环比增长14.3%（从2月28k→3月32k）

第二步：让 DeepSeek 进行详细分析。

有了基础数据后，接下来让 DeepSeek 帮你构建预测框架。DeepSeek 会考虑多种因素，如季节性波动、增长趋势、特殊事件等，为你创建一个合理的预测模型。

例如：

输入指令：请基于以上给你预测模型进行详细分析。

DeepSeek 会提供类似这样的详细分析：

请基于以上给你预测模型进行详细分析。

⚡ 已深度思考 (用时 24 秒) ∨

好的，我帮你把预测模型拆解成「看得见、算得清」的版本，咱们用开店常识来分析，保证每一步都能自己动手验证。

第一步：找到基础规律

现有数据：

- 1月：3万 (正常营业)
- 2月：2.8万 (春节假期影响，很多咖啡馆这时候生意会跌10—20%)
- 3月：3.2万 (报复性消费反弹)

关键发现：

- **自然增长趋势**：对比1月和3月 (排除春节干扰)，实际月均增长 ≈ (3.2-3)/3 = **6.7%**
- **季节波动**：2月春节导致销售额下降6.7% (但这是特殊事件，不算真实下降)

这样的分析不仅给出了具体数字，还解释了预测的依据和可能的不确定性，帮助你对未来有更全面的了解。

第三步：优化和调整预测模型。

初步预测完成后，你可以进一步与 DeepSeek 互动，优化和调整预测模型。你可以提出特定的问题或情景，让预测更符合你的实际情况。

例如：

输入指令：我刚想起来，6 月是毕业季，去年同期我们的销售额比平时增长了约 20%。另外，我们隔壁的竞争对手计划在 5 月底关店装修一个月。这些因素会如何影响预测？

DeepSeek 会立即调整模型，考虑这些新的信息：

> 我刚想起来，6月是毕业季，去年同期我们的销售额比平时增长了约20%。另外，我们隔壁的竞争对手计划在5月底关店装修一个月。这些因素会如何影响预测？

🐦 已深度思考（用时105秒） ∨

最终调整后的预测模型（含新因素）

让我们分步骤重新计算，确保每个影响因素都清晰可见：

第一步：基础预测（不含新因素）

按原有模型计算到6月：

- **4月**：3.2万 × 1.05（自然增长5%）= **33,600元**
- **5月**：33,600 × 1.05 × 1.15（自然增长+新品）= **40,572元**
- **6月**：33,600 × 1.05^2（自然增长累积）+ (40,572-33,600×1.05)×60%（新品衰减）
  = 37,044元 + 4,147元 ≈ **41,191元**

通过这种交互式的调整，你的预测模型会变得越来越精确，更好地反映实际业务情况。

二、从销售预测到现金流模型：钱从哪来，到哪去

有了销售预测后，下一个关键步骤是建立现金流模型。很多企业倒闭不是因为没有利润，而是因为现金流断裂——简单说就是"有钱赚但没钱用"的状态。

现金流模型可以帮你预见未来几个月的资金状况，避免出现资金短缺的危机。下面我们来看看如何用 DeepSeek 打造简单有效的现金流模型。

（一）理解现金流的基本构成

在开始之前，先简单了解一下现金流的基本构成：

● 现金流入：销售收入、贷款、投资等带来的资金。

● 现金流出：成本支出、工资、租金、贷款还款等。

● 净现金流：现金流入减去现金流出的差额。

● 期末现金余额：期初现金余额加上当期净现金流。

你可以向 DeepSeek 描述你的业务情况，它会帮你梳理现金流的各个组成部分。

例如：

输入指令：我经营一家小型服装店，我想了解未来 3 个月的现金流情况。我的主要收入是服装销售，支出包括进货成本（销售额的 60%）、店铺租金（每月 5000 元）、员工工资（两名员工每人每月 3500 元）、水电费（约每月 1000 元）和广告费（每月 1500 元）。目前店铺账户上有 3 万元现金。请构建月度现金流预测表。

基于你提供的信息，DeepSeek 会为你构建一个简单明了的现金流预测表：

> 我经营一家小型服装店，我想了解未来3个月的现金流情况。我的主要收入是服装销售，支出包括进货成本（销售额的60%）、店铺租金（每月5000元）、员工工资（两名员工每人每月3500元）、水电费（约每月1000元）和广告费（每月1500元）。目前店铺账户上有3万元现金。请构建月度现金流预测表。

☁ 已深度思考（用时 95 秒）∨

根据您提供的信息，以下是未来3个月的现金流预测表构建框架及示例分析。由于缺少销售额数据，我们将通过盈亏平衡点计算和假设情景演示帮助您理解预测逻辑：

一、现金流预测表结构

项目	第1月	第2月	第3月
期初现金	30,000元	[上月期末]	[上月期末]
收入			
服装销售	X元	X元	X元
总支出			

这样的现金流预测表清晰展示了资金的来源和去向，帮助你提前发现并解决潜在的现金流问题。

（二）进行现金流敏感性分析

现实中，我们的预测很难 100% 准确。销售可能不如预期，成本可能上升，或者客户可能延迟付款。这时，敏感性分析就显得尤为重要——它能帮你了解"如果情况变糟，会怎么样"。

你可以让 DeepSeek 帮你进行敏感性分析。

例如：

输入指令：如果销售额比预期低 20%，或者供应商要求我们提前一个月支付下季度的进货款（约 10 万元），对我们的现金流会有什么影响？我们需要采取什么措施来应对？

DeepSeek 会为你分析不同情景下的现金流状况：

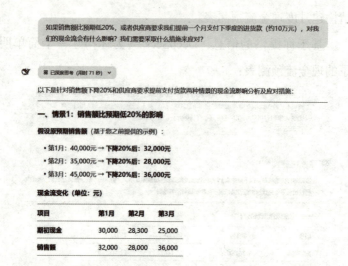

通过这样的敏感性分析，你可以未雨绸缪，做好应对各种财务挑战的准备。

通过 DeepSeek 的财务预测，原本复杂的财务预测变得触手可及。即使你没有财务背景，也能轻松构建专业的销售预测和现金流模型，为企业的健康发展保驾护航。

好的财务预测不在于 100% 准确，而在于帮你理解未来可能的情况，并为各种可能性做好准备。无论你是刚起步的创业者，还是成熟企业的管理者，都可以利用 DeepSeek，让数字成为你最得力的助手，而不是最头疼的难题。今天就开始尝试吧，你会发现，财务预测其实可以很简单，也很有趣！

风险预警系统：
合同审查与法律风险扫描

签合同就像给自己系安全带——你可能觉得那些密密麻麻的条款都是走个形式，直到某天突然"撞车"才发现，原来合同里早就埋好了谁赔钱、怎么赔、赔多少的"剧本"。别等吃亏了才后悔，用 DeepSeek 给你的商业合同做个快速"体检"，5 分钟就能揪出那些藏在字缝里的"定时炸弹"，比检查错别字还简单。

一、商业合同的核心风险点

商业合同里最容易踩的坑，其实就藏在那些你以为"大家都这么写"的常规条款里。比如，明明合作搞研发，合同里却没写清楚做出来的技术专利归谁，最后可能白忙一场；又如，违约金写得特别高，真出事了才发现超过法律规定的 30% 上限，法院根本不支持；再如，付款条件只写了"验收后付款"，结果对方拖着不验收，钱拿不到还得继续干活。最可怕的是有些合同直接抄了十年前的模板，里面引用的法律早就废止了，相当于用过期地图找路，肯定要迷路。这些藏在字里行间的陷阱，平时察觉不到，等到真的掉进去就已经来不及了。

DeepSeek 在审查商业合同时，主要能识别以下五类关键法律风险：

第一类：违法条款。

直接违反现行法律的约定，例如设定超过合同总金额30%的违约金（违反《中华人民共和国民法典》第585条），或要求员工自愿放弃社保（违反《中华人民共和国社会保险法》第10条）。这类条款即便双方签字也属无效，还可能招致行政处罚。

第二类：霸王条款。

明显偏袒一方的约定，比如赋予甲方无理由解约权却不给乙方任何救济途径，或要求乙方承担无限连带责任。这类条款可能被法院认定显失公平而撤销。

第三类：残缺条款。

缺少法律要求或商业必备的核心内容，常见问题包括：没有约定知识产权归属、保密义务缺少时间限制（依法默认永久保密不合理）、争议解决方式不明确（导致后续诉讼成本增加）。

第四类：模糊条款。

使用"及时付款""重大损失"等缺乏量化标准的表述，例如约定"发生重大违约时方可解约"，但未定义何种情形构成"重大违约"，这类模糊约定极易引发纠纷。

第五类：过期条款。

引用了已废止的法律依据，例如仍出现"依据《中华人民共和国合同法》"（2021 年已被《中华人民共和国民法典》取代），或继续使用"工商局"等机构旧称（现为市场监管局）。

二、基础功能使用指南

第一步：文件上传。

支持格式：Word、PDF（需为可复制文字版）。

文件要求：

●单文件 ≤ 20MB。

●中文 / 英文合同（暂不支持其他语种）。

●建议删除敏感信息后上传。

第二步：智能检测。

系统将自动执行：

●法律条款合规性检查（基于系统内置法律数据库）。

●风险条款标注（分级别提示风险严重程度）。

●问题条款定位（标出存在风险的合同段落）。

第三步：报告解读。

典型报告包含：

●高风险提示：明确指出违法、违规内容及其具体表现形式。

●修改建议：提供合规性调整方向（如金额范围、必备要素等）。

●法律依据：注明所依据的法律名称及具体条款编号。

三、使用边界说明

（一）可实现能力

●识别 80% 以上高频法律合规问题（基于百万级合同

样本训练）。

●对典型违规条款提供修改方向建议（如"违约金建议不超过 30%"）。

●标记缺乏量化指标的模糊表述（如"重大损失""合理期限"）。

（二）明确限制

●不处理特殊行业协议（医疗对赌、金融衍生品等需人工审核）。

●不评估非标准条款的实际法律效力（如新型商业模式条款）。

●不分析合同商业合理性（如价格条款是否有利）。

●仅支持中国大陆法律体系（不含港澳台及国际法）。

四、企业使用建议

初筛阶段：用 DeepSeek 快速扫描合同初稿。

谈判阶段：根据系统提示的风险点准备谈判要点。

终审阶段：对修改后的合同进行二次扫描验证。

现在就把你抽屉里那份模棱两可的合同翻出来，抹掉公司名称和金额，丢给 DeepSeek 扫一扫。只要喝杯咖啡的工夫，就能知道这份合同到底是护身符还是卖身契。

记住：再老练的生意人也有看走眼的时候，但 AI 不会打瞌睡——它可能不如律师专业，但绝对比人肉搜索更靠谱。

第六章

创意协变矩阵：
短视频到产品设计的 AI 协同

在创意领域，灵感与技术缺一不可。无论是制作吸引眼球的短视频，还是打造革新市场的产品设计，我们常常在创意构思与实际执行之间挣扎。有时脑中有绝妙点子，却难以找到合适的表达方式；有时技术熟练，却苦于创意枯竭。

本章将详细讲解 DeepSeek 如何打造创意过程中的"协变矩阵"，将你零散的灵感碎片重组为系统性创意，从短视频脚本构思、视觉元素搭配，到产品功能创新、用户体验设计，为你的创意之旅开辟全新可能性，让每一个点子都能绽放最大光彩。

视频爆款公式：
分镜设计＋台词生成＋拍摄清单

还记得你第一次拍短视频的场景吗？可能是这样的：拿起手机，想了想要拍什么，然后就按下了录制按钮。拍完后，看着手机里的视频，你可能觉得不够满意，又或者发布出去后没有预期的点赞量和评论。

这是很多人拍摄短视频的真实写照——即兴发挥，随性而为。虽然偶尔也能出爆款，但更多时候是石沉大海。

其实，那些让你羡慕不已的短视频达人，他们的"随性"背后往往藏着严密的计划和精心的设计。就像一位魔术师的"即兴表演"，其实暗藏了无数次的练习和精心的准备。

今天，我们就来揭秘短视频爆款的秘诀，并教你如何借助 DeepSeek 这个强大的 AI 助手，打造属于你的短视频爆款公式。无论你是想在社交平台上展示自己，还是为企业产品做推广，这个公式都能帮你事半功倍。

在深入了解 DeepSeek 如何帮助你打造爆款短视频之前，我们先来认识一下爆款短视频的三大基本要素。

●强烈的开场吸引力：开场 3 秒决定用户是否继续看下去。

●清晰的内容节奏：保持观众的注意力，不让他们感到无聊或混乱。

●有效的情感共鸣：触动观众的情感，让他们产生共鸣和共情。

这三大要素构成了爆款短视频的基础框架。而要实现这个框架，我们需要三个具体工具：分镜设计、台词生成和拍摄清单。接下来，我们将一步步学习如何用 DeepSeek 来创建这些工具。

一、精准的分镜设计

什么是分镜设计，为什么它如此重要？

分镜设计，简单来说就是将你的视频内容分解成一个个具体的场景和镜头，就像漫画书一样，每一格都有特定的画面、角度和内容。

它为什么重要？因为好的分镜设计能帮你：

●提前规划每个镜头，避免拍摄时的混乱。

●确保视频有清晰的节奏和流畅的叙事。

●节省拍摄和剪辑的时间。

●增加视频的专业感和吸引力。

假设你想拍一个关于"如何在家制作专业级咖啡"的短视频，你可以向 DeepSeek 寻求帮助。

例如：

输入指令：我想制作一个 60 秒的短视频，主题是"在家制作专业级咖啡"，目标受众是咖啡爱好者和想提升居家咖啡品质的普通人。可以帮我设计一个分镜脚本吗？

DeepSeek 会为你提供详细的分镜设计：

🐋 已深度思考（用时 24 秒） ∨

以下是为"在家制作专业级咖啡"设计的60秒分镜脚本，采用快节奏视觉教学+关键技巧展示模式：

分镜脚本（总时长60秒）

镜头1（3秒）
特写：晨光中冒热气的咖啡杯，液体丝绸般注入
字幕+画外音："用专业技巧，唤醒家庭咖啡馆"

镜头2（5秒）
中景：咖啡师装扮的演示者站在家庭厨房岛台前
台面陈列：手冲壶/磨豆机/电子秤/咖啡豆
字幕："三大核心装备：新鲜豆子/精准称/专业磨"

这个分镜设计不仅包含了每个镜头的画面描述、动作指导和旁白内容，还提供了具体的时长分配和拍摄技巧。有了这个详细的分镜设计，你的拍摄过程将变得有条不紊，成片的专业感将大大提升。

二、引人入胜的台词生成

在短视频中，台词（或旁白）起着至关重要的作用。它不仅传递信息，还能：

- 抓住观众注意力。
- 建立情感连接。
- 引导观众行动。
- 塑造你的个人风格。

一句好的开场白可能会让观众立刻被吸引；一个精彩的结尾则能增加点赞、评论和分享的概率。

接着上面的例子，你可以要求 DeepSeek 进一步完善台词。

例如：

输入指令：我觉得这个分镜设计很好，但我想让台词更有趣、更有个性一些，能吸引年轻人。我的视频风格是轻松幽默的，可以加入一些咖啡相关的小笑话或有趣表达。

DeepSeek 会根据你的风格需求，优化台词：

> 我觉得这个分镜设计很好，但我想让台词更有趣、更有个性一些，能吸引年轻人。我的视频风格是轻松幽默的，可以加入一些咖啡相关的小笑话或有趣表达。

🐋 ☒ 已深度思考（用时 28 秒）∨

好的！我会把台词改造成「咖啡吐槽+年轻人暗号」模式，增加网感梗和反转幽默，同时保留专业知识点。以下是升级版分镜脚本：

───────────────────────────

分镜脚本2.0（总时长60秒）
全程使用「咖啡精の毒舌小课堂」人设

镜头1（3秒）
特写黑咖啡液注入杯中的涟漪特效

毒舌画外音：
"早八人的续命神器≠刷锅水，今天教你把出租屋变成精品咖啡馆"
音效：乌鸦叫声过渡到咖啡机蒸汽声

这版台词保留了原有的信息，同时增加了幽默感和个性化表达，更符合年轻受众的口味，也更容易在社交平台上引起共鸣和分享。

三、详尽的拍摄清单

有了分镜设计和台词后，下一步是准备拍摄清单。一个好的拍摄清单能确保你不会遗漏任何重要的细节，让拍摄过程更加顺畅。它通常包括：

●需要的设备和道具。

●拍摄地点的要求。

●光线和音效的考虑。

●可能需要的特写镜头。

●服装和妆容建议。

●拍摄顺序的安排。

继续我们的咖啡视频例子，你可以向 DeepSeek 请求一个详细的拍摄清单。

例如：

输入指令：请为这个咖啡视频生成一个详细的拍摄清单，包括我需要准备的所有设备、道具，以及拍摄时需要注意的细节。

DeepSeek 会为你提供全面的拍摄清单：

请为这个咖啡视频生成一个详细的拍摄清单，包括我需要准备的所有设备、道具，以及拍摄时需要注意的细节。

🐱 圈 已深度思考（用时 25 秒）∨

以下是为「在家制作专业级咖啡」短视频定制的超详细拍摄清单，包含设备、道具及拍摄注意事项，按专业级配置（标*为可简化项）：

一、设备清单

类别	必需项	升级项*	替代方案
拍摄设备	单反/微单（如索尼A7系列）	电影镜头（如50mm f/1.8）	旗舰手机（iPhone15 Pro）
	三脚架+液压云台	滑轨/电动平移器	手机稳定器（大疆OM6）
	外接麦克风（罗德VideoMic）	无线领夹麦	手机指向性麦

这份拍摄清单几乎涵盖了拍摄前需要考虑的所有方面，从基本设备到细节道具，从场景布置到拍摄技巧。有了这份清单，即使是拍摄新手也能有条不紊地完成整个过程，大大提高成片的质量。

四、整合三大元素，打造你的爆款视频

有了分镜设计、优化台词和详细拍摄清单，你已经具备了创作爆款短视频的全部要素。接下来，只需要按计划执行，然后进行后期剪辑，就能完成一个专业水准的短视频。

不过，每个平台和受众群体都有其特点，你可能需要根据实际情况调整你的内容。这时，你可以再次向 DeepSeek 寻求帮助。

例如：

输入指令：我计划将这个视频发布在抖音上，有没有什么针对抖音平台的特别建议？比如视频长度、节奏或特效等方面。

DeepSeek 会给你提供具有平台针对性的建议：

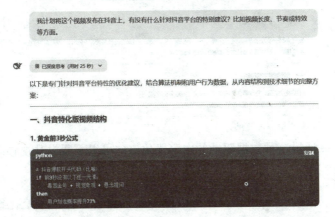

这些针对平台的建议能帮助你的视频更好地适应抖音的特点，提高曝光率和互动率。

五、持续优化：从数据反馈到内容调整

发布视频后，别忘了关注数据反馈，包括完播率、互动

率、转发数等指标。这些数据能帮助你了解视频的表现，为后续创作提供参考。

你可以向 DeepSeek 提供这些数据，寻求优化建议。

例如：

输入指令：我的咖啡视频数据显示，开头 3 秒的跳出率较高，但看到咖啡制作过程的人大多会看到最后。评论区有人表示想看更详细的拉花技巧。基于这些反馈，下一个咖啡相关视频应该如何改进？

DeepSeek 会根据这些数据给出针对性的优化建议：

我的咖啡视频数据显示，开头3秒的跳出率较高，但看到咖啡制作过程的人大多会看到最后。评论区有人表示想看更详细的拉花技巧。基于这些反馈，下一个咖啡相关视频应该如何改进？

> 🔷 已深度思考（用时 27 秒）∨
>
> 根据你的视频数据表现和用户反馈，下一个视频需要同时解决「降低开头跳出率」和「深度满足用户需求」两个核心目标。以下是针对性极强的改进策略和执行方案：
>
> **一、新视频主题选择**
> 「手残党逆袭！三步学会星巴克同款拉花（附翻车急救包）」
> *定位：痛点解决型教程+喜剧化对比*

通过这种数据驱动的内容优化，你可以不断提升视频质量，逐步建立自己的个人风格和粉丝群体。

借助 DeepSeek，你可以像专业创作者一样，系统化地提升自己的短视频质量，在竞争激烈的平台上脱颖而出。

产品设计加速器：
用户需求→概念草图→ 3D 模型说明

还记得你上一次有个绝妙的产品创意是什么时候吗？也许是一款能让猫咪自动喂食的神器，或者是一个解决厨房收纳问题的巧妙装置。大多时候，这些想法可能就停留在你的脑海中，或者简单地画在纸巾上，然后被束之高阁。为什么？因为将一个想法变成实际产品，传统上需要经过一系列复杂的步骤：理解用户需求、绘制专业设计图、创建 3D 模型、制作原型……这些步骤通常需要专业知识和昂贵的软件。

但是现在，有了 DeepSeek，产品设计不再是设计师的专利！无论你是创业者、教师、学生，还是只是一个有创意的普通人，你都可以将脑海中的想法转化为具体的产品设计，而且过程既简单又有趣。

接下来，我将带你了解如何利用 DeepSeek 将你的产品想法变成专业的设计方案，全程只需 3 个简单步骤：捕捉用户需求、创建概念草图、生成 3D 模型说明。这就像是给你配备了一个全天候待命的产品设计团队，随时准备将你的想法变成现实。

一、用户需求捕捉——理解产品应该解决什么问题

任何成功的产品设计都始于对用户需求的深入理解。在传统设计流程中，这通常需要进行大量的用户调研、访谈和

数据分析。但是借助 DeepSeek，你可以用一种更简单、更有条理的方式来捕捉和梳理用户需求。

假设你有一个创意：设计一款适合上班族的智能午餐盒。你可以这样向 DeepSeek 描述你的初步想法：

输入指令：我想设计一款适合上班族的智能午餐盒，能帮助他们在办公室轻松享用健康的午餐。你能帮我梳理一下潜在用户的主要需求和痛点吗？

DeepSeek 会帮你深入思考并整理出全面的用户需求分析：

我想设计一款适合上班族的智能午餐盒，能帮助他们在办公室轻松享用健康的午餐。你能帮我梳理一下潜在用户的主要需求和痛点吗？

🐋   📄 已深度思考（用时 34 秒） ∨

为了设计一款适合上班族的智能午餐盒，需深入理解他们的核心需求和痛点。以下从多个维度梳理关键点，并提供潜在解决方案方向：

_____

一、核心需求分析

1. 便捷性

- **需求**：快速加热、免排队使用微波炉；便携易携带，适合通勤。
- **痛点**：传统饭盒需排队加热，体积笨重，占用办公桌空间。
- **解决方案**：内置安全加热模块（如PTC加热），支持无线充电或USB-C快充；轻量化设计（如分体式结构）。

这份用户需求分析已经为你指明了产品设计的方向：这款智能午餐盒应该重点解决保温保鲜、防漏、便携和自加热等核心问题，同时考虑到用户的情感需求和使用场景。

有了基础需求分析，你可以进一步探索，找到能让你的产品脱颖而出的关键差异化点。

例如：

输入指令：这个需求分析很全面！不过市场上已经有很多午餐盒了，我想了解哪些是现有产品尚未很好解决的痛点，这样我能找到创新点。

DeepSeek 会帮你发现现有产品的不足，找到创新机会：

> 这个需求分析很全面！不过市场上已经有很多午餐盒了，我想了解哪些是现有产品尚未很好解决的痛点，这样我能找到创新点。

🐋 已深度思考（用时 25 秒）

为了精准定位现有午餐盒产品的未满足需求，我们通过实际用户调研和竞品拆解发现，以下5个核心痛点尚未被市场有效解决，可作为突破性创新方向：

一、精准保鲜：上班族最崩溃的"午餐变质"问题

未被解决的痛点

- **现有方案：**普通冰袋保鲜仅维持2-3小时，保温饭盒导致蔬菜发黄
- **深层需求：**需要让鲜切水果/沙拉在常温下保持6小时以上新鲜度

通过这一步，你不仅能了解用户需求，还能找到现有产品的不足和可能的创新方向。这为下一步的概念设计奠定了坚实的基础。

二、概念草图生成——把想法变成可视化设计

有了清晰的用户需求和创新方向，下一步是将这些想法转化为具体的产品概念设计。传统上，这需要专业的绘图技能和设计软件。但有了 DeepSeek，你可以直接描述你的想法，获得专业的概念草图和设计说明。

现在，你可以将第一步中发现的用户需求和创新点转化为产品概念描述。

例如：

输入指令：基于我们讨论的用户需求和创新机会，我想设计一款模块化的智能午餐盒，具有可调节温区和创新的折叠结构。你能帮我生成这个产品的概念描述和关键特性列表吗？

DeepSeek 会帮你组织思路，创建一个详细的产品概念：

⊗ 已深度思考（用时 28 秒） ∨

产品概念描述

产品名称：ModuBento Pro 模块化智能食盒

核心理念： 重新定义职场人的「饮食控制权」——通过可定制温区、动态变形的模块化设计，实现从备餐、通勤到享用的全场景健康管理，让午餐盒成为职场人的「移动私人营养师」。

关键特性列表

1. 模块化分舱系统

- **可拆卸温控模组：** 每个独立餐舱（100ml-500ml）内置微型半导体芯片，支持-5℃至75℃无极调温，冷热食材同盒分区存放（如冰镇沙拉+热汤）

这个产品概念描述已经相当全面，包含了创新特性、外观设计理念和用户使用流程。接下来，你可以请 DeepSeek 根据这个概念创建视觉草图说明。

例如：

输入指令：这个产品概念很棒！现在我需要一些视觉化的描述，帮我详细描述一下这款智能午餐盒在外观和结构上会是什么样子，特别是它的模块化和折叠机制是如何工作的。

DeepSeek 会提供详细的视觉描述：

⊗ 已深度思考（用时 20 秒） ∨

外观设计：未来主义与极简美学的融合

整体造型： 以六边形蜂巢为母体语言，采用钛空灰哑光铝合金为主体框架，搭配半透明雾面生物基聚合物面板，呈现出类似太空舱的科技质感。尺寸展开状态为24cm（长）×18cm（宽）×6cm（高），折叠后压缩至直径8cm×15cm的圆柱体。

核心视觉元素分解

1. 模块化单元结构

- **独立舱体：** 每个六边形模块如蜂巢切片，边缘镶嵌磁吸银环，表面带LED状态环（冷色调蓝光=冷藏、暖色调橙光=加热）
- **动态拼接界面：** 模块吸附时触发流体动画特效——接触点泛起波纹状光效，并伴随微微触觉反馈（类似iPhone Home键振动）

这个详细的视觉设计描述为你提供了产品外观和结构的清晰图景，使读者能够在脑海中"看到"这个产品的样子。

三、3D 模型说明——为制作原型做准备

有了概念设计和视觉描述，最后一步是生成更详细的 3D 模型说明。虽然 DeepSeek 本身不能直接生成 3D 模型文件，但它可以提供专业的 3D 建模指导和技术说明，帮助你与建模专家合作或自学 3D 建模软件来实现你的设计。

首先，你需要让 DeepSeek 帮你生成详细的产品参数和技术规格。

例如：

输入指令：我想进一步推进午餐盒的设计，准备制作 3D 模型。你能提供详细的尺寸规格、关键组件参数和材料建议吗？这些信息将用于 3D 建模和原型制作。

DeepSeek 会为你提供专业的技术参数和规格：

我想进一步推进午餐盒的设计，准备制作3D模型。你能提供详细的尺寸规格、关键组件参数和材料建议吗？这些信息将用于3D建模和原型制作。

🐋 ⊕ 已深度思考（用时 37 秒） ⌄

详细工程规格与材料建议

以下参数基于工业设计标准优化，平衡创新性与量产可行性，适用于3D建模及原型制作：

一、整体尺寸规格

状态	尺寸（长×宽×高）	重量
展开态	240mm × 180mm × 60mm	1.2kg
折叠态	Φ80mm × 150mm（圆柱）	1.2kg
单模块尺寸	六边形边长50mm，高度55mm（含铰链）	180g/模块

这份技术规格书为 3D 建模提供了全面的参数和指导，专业程度足以直接用于产品开发。接下来，你可以进一步了解这些参数在 3D 建模中的应用。

例如：

输入指令：这些技术规格非常详细！对于一个缺乏 3D 建模经验的人，我如何利用这些信息与设计师有效沟通，或者自己学习简单的 3D 建模来实现这个设计？

DeepSeek 会提供实用的建议和下一步行动指南：

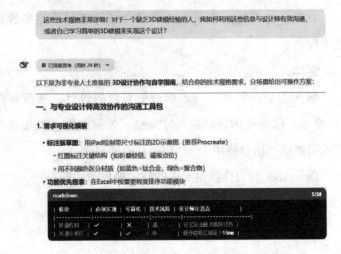

记住：从概念到实体产品是一个迭代过程。不要追求第一次就完美无缺，而是通过持续改进来接近理想设计。有了 DeepSeek 这样的 AI 助手，任何有创意的人都可以参与产品设计过程，将脑海中的想法变成可能改变世界的产品。

营销策划全案:
活动方案 + 执行清单 + 预算表三件套

你是否曾经为准备营销活动而头疼?要考虑的事项太多,不知从何下手?别担心!有了 DeepSeek,你可以轻松创建专业的营销策划全案。本节将教你如何使用 DeepSeek 生成完整的营销策划三件套:活动方案、执行清单和预算表。即使你是营销小白,也能制作出令人印象深刻的策划方案!

一、什么是营销策划全案?

营销策划全案是一个完整的营销活动规划文件,通常包含三个核心部分。

●活动方案:详细描述活动的目标、主题、内容和流程。

●执行清单:列出实施活动所需的所有任务和时间安排。

●预算表:记录活动所需的所有费用和资源分配。

这三个部分缺一不可,它们共同构成了一个专业、全面的营销策划全案。

二、如何使用 DeepSeek 来制作营销策划全案?

传统上,制作一份完整的营销策划全案需要丰富的经验和专业知识,可能需要花费数天甚至数周的时间。而使用 DeepSeek,你可以在几分钟内生成一份专业水准的策划全案,节省大量时间和精力。

DeepSeek 的优势在于：

●提供专业的营销策划框架和模板。

●根据你的产品和目标受众定制内容。

●生成详细的执行步骤和时间表。

●自动计算合理的预算估算。

●随时可以根据需求调整和完善。

接下来，让我们一步步学习如何使用 DeepSeek 创建你的营销策划全案。

（一）明确你的基本需求

在开始使用 DeepSeek 之前，你需要明确一些基本信息：

●你要推广的产品或服务是什么？

●你的目标受众是谁？

●你的营销活动预计在什么时间进行？

●你有什么特定的营销目标（比如提高品牌知名度、增加销售额等）？

●你大致的预算范围是多少？

有了这些基本信息，DeepSeek 就能为你生成更加精准的营销策划全案。

（二）使用 DeepSeek 生成活动方案

打开 DeepSeek，在对话框中输入你的需求。

例如：

输入指令：请帮我为一款新上市的智能手表设计一个营销活动方案。目标客户是 25—40 岁的年轻白领，活动时间计划在下个月进行，为期两周。营销目标是提高产品知名度并促进首批销售。预算约为 5 万元。

DeepSeek 会根据你提供的信息，生成一份包含以下内容的活动方案：

如果生成的方案不完全符合你的要求，不用担心！你可以进一步向 DeepSeek 提出修改建议。

例如：

输入指令：Copy 这个方案很好，但我希望能增加一些线上互动环节，并突出产品的健康监测功能。

DeepSeek 会根据你的反馈调整方案，直到你满意为止。

（三）获取详细的执行清单

有了活动方案后，你需要一份详细的执行清单来确保活动顺利进行。

例如：

输入指令：请根据上面的活动方案，为我生成一份详细的执行清单，包括活动前、活动中和活动后需要完成的所有任务，以及每个任务的负责人和截止时间。

　　DeepSeek 会生成一份包含以下内容的执行清单：

> 请根据上面的活动方案，为我生成一份详细的执行清单，包括活动前、活动中和活动后需要完成的所有任务，以及每个任务的负责人和截止时间。

🐾　▣ 已深度思考（用时 17 秒）　▽

以下是根据营销活动方案制定的详细执行清单，按照时间轴划分任务阶段，包含负责人及截止时间标注（假设活动启动日为D日，当前日期为T日）：

一、活动前筹备期（T+1至T+10日）

任务分类	具体任务	负责人	交付成果	截止时间
线上准备	1. 确认合作KOL名单并签订协议	市场部经理	KOL合作确认函	T+3日
	2. 制作朋友圈广告素材（3套场景版）	设计团队	广告素材包	T+5日
	3. 搭建活动专题页（含UTM追踪代码）	技术部	可测试的H5页面	T+7日
线下筹备	1. 租赁3个商圈快闪场地并报备	活动执行组	场地合同	T+5日
	2. 采购体验设备（20台样机+充电桩）	采购部	设备验收单	T+6日
	3. 设计快闪店互动装置流程	策划组	装置操作手册	T+8日
物料制作	1. 印制快闪店宣传折页（2000份）	设计团队	物料样品确认	T+7日
	2. 制作直播间背景板及道具	直播运营组	直播间搭建验收	T+8日
	3. 定制首购礼包（效率手册+卡券）	供应链主管	礼包入库验单	T+9日
人员培训	1. 快闪店工作人员话术培训（3场）	培训主管	培训签到表	T+9日
	2. 直播团队流程彩排	直播导演	彩排录像存档	T+10日

　　这份执行清单就像一个路线图，指导你一步步实施活动，不遗漏任何重要环节。

　　（四）制定详细的预算表

　　营销活动离不开预算规划，因此需要向 DeepSeek 请求生成预算表。

　　例如：

　　输入指令：请根据上面的活动方案和执行清单，为我生成一份详细的预算表，包括所有可能的费用项目和预估金额。总预算控制在 5 万元以内。

　　DeepSeek 会生成一份专业的预算表：

请根据上面的活动方案和执行清单,为我生成一份详细的预算表,包括所有可能的费用项目和预估金额。总预算控制在5万元以内。

已深度思考(用时34秒)∨

以下是为期两周的智能手表营销活动详细预算表(总预算控制在50,000元以内):

智能手表新品营销活动预算表

费用类别	细项说明	预估金额	执行说明
一、线上推广费用		23,000	
1.1 朋友圈广告	定向CBD区域人群(CPM计费)	10,000	分3轮投放,含素材制作费用
1.2 KOL合作	3位腰部博主(职场/健身垂类)	6,000	每人含1条视频+2篇图文
	7位素人体验官	3,500	用户评测内容产出
1.3 直播费用	场地租赁+设备支持	3,000	含多机位切换及网络保障
	主播合作费(职场达人客串)	2,000	4小时直播基础费用
1.4 社交媒体挑战赛	话题运营+奖品激励	1,500	含平台加热费用
1.5 H5页面开发	活动专题页制作	2,000	含UTM追踪系统搭建
二、线下活动费用		15,500	
2.1 快闪店搭建	互动装置租赁(压力/姿势检测)	5,000	含技术调试费用
	快闪店主体搭建与拆除	3,000	含镜面墙/检测区基础结构

预算表中的每一项都会有预估金额和相关说明,帮助你清晰地了解资金分配情况。

(五)整合和完善三件套

现在,你已经有了活动方案、执行清单和预算表三个部分。接下来,你需要将它们整合成一个完整的营销策划全案,继续向 DeepSeek 提出请求。

例如:

输入指令:请帮我将之前生成的活动方案、执行清单和预算表整合成一份完整的营销策划全案,并添加一个简短的执行摘要和结论。

🐾 已深度思考（用时 31 秒） ⌄

智能手表新品营销策划全案

执行摘要

目标客群： 25—40岁职场白领，注重效率与健康管理
活动时间： 下月1日—14日（共两周）
核心目标： 提升品牌知名度，实现首批销量800—1200台
策略亮点：

- **场景化体验：** 覆盖通勤、办公、健身、社交四大场景
- **KOC裂变传播：** 职场达人＋素人体验官分层触达
- **限时权益刺激：** 联合腾讯视频、健身房等高频消费品牌
  总预算： 50,000元（误差±3%）
  预期成果： 曝光50万+次，私域沉淀2000+用户，ROI≥1:2.5

一、活动策略与方案

1. 活动主题

「**智享24小时——你的高效生活能量站**」
以时间管理为核心，结合智能手表功能特性，打造职场人群全天候解决方案。

DeepSeek 会为你整合这三个部分：

（六）调整和优化

营销策划全案生成后，你可能还需要根据实际情况进行调整和优化。你可以向 DeepSeek 提出具体的修改建议。

例如：

输入指令：我注意到预算中的线上广告费用占比过高，能否降低这部分费用，增加一些线下体验活动的预算？

DeepSeek 会根据你的要求进行调整，直到策划全案完全符合你的期望。

运用 DeepSeek，即使你是营销小白，也能轻松制作出专业的营销策划全案。只需按照本节介绍的六个步骤操作：明确基本需求、生成活动方案、获取执行清单、制定预算表、整合三件套、调整优化，你就能得到一份完整的营销策划全案。

第七章

进阶开发模式：
从写代码到运维的 AI 加速器

编程开发曾是技术专家的专属领域，被复杂的语法规则、烦琐的调试过程和令人头疼的运维问题所包围。即使是经验丰富的开发者，也常常在代码优化、错误排查和系统维护上耗费大量时间和精力。

DeepSeek 的出现彻底改变了这一现状。无论你是编程新手还是资深工程师，这一强大的 AI 工具都能让你的开发旅程如虎添翼。以前可能需要几天甚至几周的任务，现在只需几分钟就能完成，让你的技术创新不再受限于编程技能的瓶颈，真正释放创造力的潜能。

音乐创作工坊：
歌词生成与和弦编排智能建议

还记得你第一次被一首歌深深打动的感觉吗？也许是那动人的旋律，也许是那触动心弦的歌词，又或者是那令人沉醉的和声编排。很多人都有过这样的念头："要是我也能创作出这样的歌曲该多好啊！"但紧接着，现实的声音就会浮现，"我又不是专业音乐人""我不懂乐理""我不会写歌词"……

但是，科技的发展正在改变这一切。借助 DeepSeek 这样的智能助手，音乐创作的门槛正在显著降低。无论你是对音乐充满热情的爱好者，还是想为自己的视频配乐的创作者，甚至是完全没有音乐基础但想尝试表达自己的普通人，DeepSeek 都能成为你的私人音乐创作助手，帮助你将脑海中的想法转化为动听的旋律和打动人心的歌词。

一、用 DeepSeek 创作歌词
（一）确定你的创作意图

在开始创作前，先思考你想要表达什么。可以是一个故事、一种情感、一段经历或者只是一个简单的概念。不需要太具体，一个大致的方向就足够了。

例如，假设你想写一首关于"重新开始"的歌曲，可以

这样向 DeepSeek 描述：

输入指令：我想写一首关于"重新开始"主题的歌词，表达在经历挫折后鼓起勇气再次出发的心情。风格偏向温暖励志，适合民谣风格的音乐。你能帮我创作歌词吗？

DeepSeek 会根据你的描述提供一个歌词框架：

我想写一首关于"重新开始"主题的歌词，表达在经历挫折后鼓起勇气再次出发的心情。风格偏向温暖励志，适合民谣风格的音乐。你能帮我创作歌词吗？

🐬 ⚡ 已深度思考（用时 21 秒）▽

《破晓的行李箱》

主歌1：
雨滴在褪色的帆布鞋上作画
旧行李箱滚轮沾着七年前的沙
路灯把影子拉成问号形状
而风正在翻阅 褶皱的车票存根

主歌2：
咖啡渍在记事本洇开成岛屿
碎裂的月光正在口袋里慢慢结晶
站台广播模糊了所有终点
只剩蒲公英在检票口 练习悬浮术

副歌：
让结痂的掌纹重新发芽
候鸟在旧伤口筑起新巢啊
当汽笛切开黎明的茧
我要把往事叠成纸船 放回雨里面

（二）进一步定制和完善

得到初步歌词后，你可以根据自己的想法进一步调整。

例如：

输入指令：我喜欢这个歌词的整体结构，但我希望加入一些关于"海洋"的意象，因为我很喜欢大海，觉得大海的宽广和波浪起伏很像人生的旅程。能否修改一下？

DeepSeek 会根据你的反馈调整歌词：

🐋 〔 已深度思考（用时 24 秒） ∨ 〕

《潮汐备忘录》

主歌1：
咸涩的雨在帆布鞋纹路里涨潮
旧行李箱滚轮嵌着贝壳的棱角
路灯把影子浇铸成指南针模样
而风正撒运着 月光的盐粒结晶

主歌2：
咖啡渍在日记本退潮留下贝壳
昨夜浪花在玻璃瓶里缓慢地返航
汽笛声锈蚀了所有经纬度
只剩海藻在检票口 编织绿色缆绳

副歌：
让掌纹长出珊珊的年轮
候鸟在旧锚链上孵育新鸣
当灯塔切开黎明的鳃
我要把往事折成纸船 放归星群的海

现在，这首歌融入了海洋的意境，使得主题更加鲜明，意境也更加丰富。

（三）探索更多歌词创作方式

DeepSeek 不仅可以从头创作歌词，还能以多种方式辅助你的创作过程。

1. 从关键词出发

例如：

输入指令：我有几个关键词：月光、思念、距离、等待。能基于这些词为我创作一首抒情歌曲的歌词吗？

2. 从故事出发

例如：

输入指令：我想写一首歌，讲述两个在咖啡馆偶然相遇的陌生人，他们聊了一下午却再也没见过的故事。能帮我创作歌词吗？

3. 改编已有内容

例如：

输入指令：我写了一段话："每当夜深人静，我总会想起你的笑容，那是我记忆中最美的风景。"能帮我将这段话扩展成一首完整的歌词吗？

4. 特定风格定制

例如：

输入指令：能为我写一首嘻哈风格的歌词，主题是战胜自我怀疑，语言要有力量感和节奏感。

通过这些方式，无论你是有明确想法还是只有模糊概念，DeepSeek 都能帮你实现歌词创作。

二、和弦编排：为旋律找到最佳伴侣

对于音乐创作的初学者来说，和弦编排可能是最具技术壁垒的环节之一。你可能有了动人的旋律和歌词，但不知道该配什么和弦，或者不了解和弦之间如何自然过渡。这涉及乐理知识。

● 和弦选择：什么和弦适合特定的情感表达。

● 和弦进行：和弦之间如何连接才能流畅自然。

● 调式理解：不同调式带来的情感色彩。

● 和声编织：如何使和弦编排丰富而不喧宾夺主。

幸运的是，DeepSeek 可以帮助你克服这些挑战，即使你对乐理一无所知。

（一）确定基本情感和风格

首先，向 DeepSeek 描述你希望的音乐风格和情感氛围。

例如：

输入指令：我创作了一段旋律，想为它配上和弦。这是一首温暖、轻松的民谣风格歌曲，主题是春天的早晨。我没有音乐理论基础，希望能得到简单易学的和弦编排建议。

DeepSeek 会根据你的描述提供相应的和弦建议：

> 我创作了一段旋律，想为它配上和弦。这是一首温暖、轻松的民谣风格歌曲，主题是春天的早晨。我没有音乐理论基础，希望能得到简单易学的和弦编排建议。

🐾 ❄ 已深度思考（用时 17 秒）∨

您好！对于民谣风格的温暖旋律，这里有一个简单易学的和弦编排方案（以C大调为例，适合吉他或尤克里里）：

推荐和弦进行：

1. **主歌部分：** C → G → Am → F（经典1645和弦进行，温暖且富有叙事感）
   - C（主和弦）：像春天的阳光一样明亮
   - G（属和弦）：带来微妙的张力推动旋律发展
   - Am（小调色彩）：增加一丝晨雾般的朦胧感
   - F（下属和弦）：营造回归的宁静感
2. **副歌部分：** F → C → G → Am → F → C → G → C
   - 通过重复循环增强记忆点
   - 结尾回到C和弦呼应"早晨的圆满感"

这些和弦都是吉他和钢琴上最容易按的和弦，非常适合初学者。

这个建议不仅提供了具体的和弦进行，还解释了每个和弦的情感表达，以及如何变化使音乐更丰富，非常适合没有音乐理论基础的创作者。

（二）根据具体旋律或歌词调整和弦

如果你已经有了具体的旋律或歌词，可以提供给 DeepSeek 以获取更精准的和弦建议。

例如：

输入指令：我已经写好了一首歌的旋律和歌词。主歌的第一句是"阳光洒在窗台，唤醒沉睡的花开"，旋律大致是 Do Re Mi Mi Re Do Re。副歌是"这是属于我们的时光，每一秒都闪闪发光"，旋律上扬，情绪更激动一些。能针对这个旋律和歌词推荐和弦编排吗？

DeepSeek 会分析你的旋律和歌词，提供更有针对性的建议：

> 我已经写好了一首歌的旋律和歌词。主歌的第一句是"阳光洒在窗台，唤醒沉睡的花开"，旋律大致是 Do Re Mi Mi Re Do Re。副歌是"这是属于我们的时光，每一秒都闪闪发光"，旋律上扬，情绪更激动一些。能针对这个旋律和歌词推荐和弦编吗？

🐋 第 已深度思考（用时 50 秒） ﹀

针对您提供的具体歌词和旋律走向，我为您设计了一个情感联动的和弦方案（以C大调为基础，便于弹唱）。以下是分段解析：

————————————————————————————————

主歌和弦编排（对应"阳光洒在窗台…"）
和弦进行： C → G/B → Am7 → Fmaj7
对应旋律音 Do Re Mi Mi Re Do Re

┃和弦解析

1. **C和弦**（x32010）
   ◦ 开篇用主和弦营造温暖基底，与"阳光"意象完美契合
   ◦ 旋律音Do(1)落在和弦根音，Re(2)是和弦9度延伸音
2. **G/B和弦**（x20033）
   ◦ 用转位和弦保持低音B的流动性
   ◦ 低音下行B→A为"唤醒"制造听觉牵引
   ◦ 旋律Mi(3)是和弦5音，Re(2)作为经过音产生期待感

这样的建议更加个性化，直接对应你的具体旋律和歌词，能更好地服务于你的创作。

（三）学习和弦背后的音乐理论

使用 DeepSeek 不仅能帮你完成和弦编排，还能借此机会学习相关的音乐理论知识。

例如：

输入指令：我对你推荐的和弦很感兴趣，但我不太明白为什么这些和弦放在一起会好听。能用简单的语言解释一下这些和弦之间的关系，以及为什么它们能产生这样的情感效果吗？

DeepSeek 会以通俗易懂的方式解释和弦理论：

> 我对你推荐的和弦很感兴趣，但我不太明白为什么这些和弦放在一起会好听。能用简单的语言解释一下这些和弦之间的关系，以及为什么它们能产生这样的情感效果吗？

🐋 ▩ 已深度思考（用时 27 秒） ∨

当然！其实和弦组合就像调色板配色，遵循「自然音阶的数学美感」和「听觉心理惯性」，我试着用最生活化的比喻来解释：

一、和弦关系的底层逻辑（为什么放在一起好听）

1. 它们本就是「一家人」
所有推荐和弦都来自 **C大调家族**（自然音阶：do re mi fa sol la ti），相当于用同一套乐高积木的不同组合：

- C (do-mi-sol)
- G/B (sol-ti-re + 低音ti)
- Am7 (la-do-mi-sol)
- Fmaj7 (fa-la-do-mi)

就像用同一色系的深浅颜色作画，自然和谐不冲突。

2. 遵循「稳定→冒险→回家」的故事线

- **C和弦**（主和弦）：家的感觉，如早餐桌上的热牛奶
- **G和弦**（属和弦）：准备出门探险的兴奋感
- **F和弦**（下属和弦）：途中遇到的美丽风景
- **Am和弦**（关系小调）：偶然闪过的一丝回忆

通过这样的解释，你不仅获得了实用的和弦编排，还了解了背后的音乐原理，有助于你在未来的创作中更加自主。

三、如何突破创作瓶颈

创作过程中遇到瓶颈是很正常的。当你被卡住时，可以向 DeepSeek 寻求帮助。

例如：

输入指令：我在写一首关于城市生活的歌，已经完成了主歌部分，但在副歌部分卡住了。主歌描述了城市的繁忙和压力，但我想在副歌部分表达在压力中找到的小确幸，有什么好的创作建议吗？

DeepSeek 会提供针对性的建议：

我在写一首关于城市生活的歌，已经完成了主歌部分，但在副歌部分卡住。主歌描述了城市的繁忙和压力，但我想在副歌部分表达在压力中找到的小确幸，有什么好的创作建议吗？

🐋 🔖 已深度思考（用时 20 秒）∨

我们可以通过以下手法在副歌中构建"压力与治愈"的对比意象：

副歌框架建议：

（主段1）
在十号线摇晃的玻璃窗上
突然折射出彩虹的形状
霓虹森林里幸存的光
是便利店最后一碗关东煮的温度

（情绪推进段）
咖啡渍在杯底开出花
城市黄昏在指尖变魔法
电梯里陌生人点头的弧度
都是钢筋脉搏里 温柔的变奏

（升华段）
把碎金般的瞬间存进瞳孔
我们终将在迷雾中相拥
当秒针追赶着末班车呼啸而过
心跳与城市 找到共振的波长

创作要点：

1. 通感转化：将抽象概念（小确幸）转化为可感知的物理体验（温度/弧度/波长）

2. 城市意象陌生化：赋予地铁/霓虹/电梯等日常场景童话滤镜

3. 动态平衡：保持动词的张力（摇晃/追赶/呼啸）与治愈意象的静美（彩虹/花/魔法）

4. 留白空间：用"变奏/波长/迷雾"等隐喻保持诗性想象

通过 DeepSeek 辅助创作音乐，你会发现：

● 门槛降低：不需要专业乐理知识和昂贵设备。

● 效率提升：避免创作瓶颈，快速实现想法。

● 个性保留：工具辅助创作，但作品仍然反映你的个性。

●持续学习：在创作过程中自然习得音乐知识。

更重要的是，这种方式让音乐创作回归到最本质的地方——表达情感和讲述故事。技术不再是障碍，你可以专注于你真正想要表达的内容。

无论你是想为自己的视频创作背景音乐，为特别的人写一首歌，或者只是想尝试一种新的自我表达方式，DeepSeek 都能成为你的创作伙伴，帮助你踏上音乐创作之路。

代码生成器：
用自然语言开发 Python/JavaScript 程序

你是否曾经有过这样的经历？看着电脑屏幕上那些密密麻麻的代码，感到一阵眩晕；或者有个绝妙的 App 创意，却因为不懂编程而只能放弃；又或者工作中需要一个简单的自动化脚本，却不得不求助于忙碌的 IT 同事？

如果你点点头，那么恭喜你，你不是一个人。在这个日益数字化的世界里，编程技能变得越来越重要，但学习编程却不是每个人都能轻松跨越的门槛。编程语言就像外语，有自己的语法规则和表达方式，学习曲线往往很陡峭。

在本节中，我们将探索如何利用 DeepSeek，将你的想法用普通人类语言表达出来，然后神奇地转化为功能完善的 Python 或 JavaScript 程序。

一、从零开始：无须编程知识的代码生成

在开始讲解如何生成代码前，先简单了解一下什么是 Python 和 JavaScript。

Python 是当前最流行的编程语言之一，被广泛用于数据分析、人工智能、网站开发和自动化脚本等领域。它的语法相对简洁，被设计得易读易写，非常适合初学者。如果你需要处理数据、自动化日常任务或开发简单的应用程序，Python 通常是一个很好的选择。

JavaScript 则是网页的语言。几乎所有现代网站都使用 JavaScript 来实现交互功能，从简单的按钮点击到复杂的在线游戏。近年来，JavaScript 也被用于开发移动应用和桌面软件。如果你想创建网站或网页应用，JavaScript 是必不可少的工具。

二、开始使用 DeepSeek 生成你的第一段代码

让我们从一个简单的例子开始，看看如何用自然语言生成有用的 Python 程序。

假设你想创建一个简单的计算器程序，可以进行加减乘除运算。传统方式下，你需要学习 Python 的语法、变量定义、函数编写和用户输入处理等知识。但使用 DeepSeek，你只需要将想法描述出来即可。

例如：

输入指令：我想创建一个简单的 Python 计算器程序，能够进行基本的加减乘除运算。用户可以输入两个数字和一

个运算符（＋、－、＊、／），程序计算结果并显示。请生成完整的代码。

DeepSeek 会为你生成完整的 Python 代码：

我想创建一个简单的Python计算器程序，能够进行基本的加减乘除运算。用户可以输入两个数字和一个运算符（+、-、*、/），程序计算结果并显示。请生成完整的代码。

🐋 ⊜ 已深度思考（用时 97 秒） ∨

以下是完整的Python计算器程序代码，能够处理基本的加减乘除运算，并包含输入验证和错误处理：

```python
print("简单计算器")
print("支持运算符: +, -, *, /\n")

# 获取第一个有效数字
while True:
    try:
        num1 = float(input("请输入第一个数字: "))
        break
    except ValueError:
        print("错误，请输入有效的数字。")

# 获取有效运算符
while True:
    operator = input("请输入运算符 (+, -, *, /): ")
    if operator in {'+', '-', '*', '/'}:
        break
    print("错误，无效的运算符，请重新输入。")

# 获取第二个有效数字（检查除零情况）
while True:
    try:
        num2 = float(input("请输入第二个数字: "))
        if operator == '/' and num2 == 0:
            print("错误，除数不能为零，请重新输入。")
            continue
        break
    except ValueError:
        print("错误，请输入有效的数字。")

# 执行计算
result = None
if operator == '+':
    result = num1 + num2
elif operator == '-':
```

这个程序不仅实现了基本功能，还包含了用户输入验证、错误处理和继续计算的选项，是一个功能完整的小应用。

三、如何执行生成的 Python 代码

获得代码后，你可能会想："现在我有了代码，接下来怎么运行它呢？"别担心，这很简单。

第一步：复制 DeepSeek 生成的代码。

第二步：打开一个文本编辑器（如记事本、VS Code 或 PyCharm）。

第三步：粘贴代码并保存为一个 .py 文件，比如 calculator.py。

第四步：安装 Python（如果你还没有安装的话，可以从 Python 官网下载）。

第五步：打开命令提示符（Windows）或终端（Mac/Linux）。

第六步：导航到你保存文件的文件夹。

第七步：输入 python calculator.py 并按 Enter 键。

现在，你可以开始使用你的计算器了！

四、生成实用的程序

一个简单的计算器只是开始。DeepSeek 可以帮你生成各种实用的程序，从简单的任务自动化到复杂的数据处理，甚至是有图形界面的应用程序。

（一）自动整理文件

假设你的下载文件夹一团糟，各种类型的文件混在一起。你想要一个程序能够自动将不同类型的文件（如图片、文档、视频等）分类到不同的文件夹中。

输入指令：请编写一个 Python 程序，可以自动整理指定文件夹中的文件，将不同类型的文件（如图片、文档、视频、音频等）移动到对应的子文件夹中。程序应该创建这些子文件夹（如果它们不存在），并处理常见的文件扩展名。

DeepSeek 会为你生成一个功能完善的文件整理程序：

请编写一个Python程序，可以自动整理指定文件夹中的文件，将不同类型的文件（如图片、文档、视频、音频等）移动到对应的子文件夹中。程序应该创建这些子文件夹（如果它们不存在），并处理常见的文件扩展名。

已深度思考（用时 84 秒）∨

```python
import os
import shutil
import sys

# 定义文件分类及其对应的扩展名
FILE_CATEGORIES = {
    'Images': ['jpg', 'jpeg', 'png', 'gif', 'bmp', 'svg', 'webp'],
    'Documents': ['pdf', 'docx', 'doc', 'txt', 'xlsx', 'xls', 'pptx', 'ppt', 'md', 'rtf', 'odt'],
    'Videos': ['mp4', 'mov', 'avi', 'mkv', 'flv', 'wmv', 'mpeg', 'webm'],
    'Audio': ['mp3', 'wav', 'flac', 'aac', 'ogg', 'wma', 'm4a'],
    'Archives': ['zip', 'rar', '7z', 'tar', 'gz', 'bz2', 'xz'],
    'Others': []
}

def organize_files(target_folder):
    """整理目标文件夹中的文件"""
    # 获取当前脚本文件名以避免移动自身
    script_name = os.path.basename(__file__)

    # 遍历目标文件夹中的所有条目
    for entry in os.scandir(target_folder):
        if entry.is_file() and entry.name != script_name:
            file_path = entry.path
            file_name = entry.name
```

这个程序会自动创建子文件夹，并将不同类型的文件移动到对应的文件夹中，还会处理文件重名的情况。

（二）简单的网页游戏

如果你对 JavaScript 感兴趣，DeepSeek 也可以帮你生成网页应用。

例如：

输入指令：请帮我用 JavaScript 创建一个简单的猜数字游戏网页。游戏规则是：电脑随机生成 1—100 的数字，玩家输入猜测的数字，电脑给出"太大""太小"或"猜对了"

的提示，直到猜对为止。页面设计要简洁美观，适合初学者理解。

DeepSeek 会生成完整的 HTML、CSS 和 JavaScript 代码：

请帮我用JavaScript创建一个简单的猜数字游戏网页。游戏规则是：电脑随机生成1-100的数字，玩家输入猜测的数字，电脑给出"太大""太小"或"猜对了"的提示，直到猜对为止。页面设计要简洁美观，适合初学者理解。

🔮 已深度思考（用时 27 秒） ⌄

我帮你设计了一个简单易懂的猜数字游戏网页，以下是完整代码：

```html
<!DOCTYPE html>
<html lang="zh-CN">
<head>
    <meta charset="UTF-8">
    <title>猜数字游戏</title>
    <style>
        body {
            font-family: Arial, sans-serif;
            display: flex;
            flex-direction: column;
            align-items: center;
            background-color: #f0f8ff;
            margin: 20px;
        }

        .game-container {
            background-color: white;
            padding: 30px;
            border-radius: 10px;
            box-shadow: 0 0 10px rgba(0,0,0,0.1);
```

这段代码包含了完整的 HTML 结构、CSS 样式和 JavaScript 功能，创建了一个视觉吸引人且功能完善的猜数字游戏。

五、如何运行 JavaScript 代码

与 Python 不同，JavaScript 通常在网页浏览器中运行，所以使用方法也不同。

第一步：复制 DeepSeek 生成的 HTML 代码。

第二步：创建一个新的文本文件。

第三步：粘贴代码并保存为 .html 文件，例如 guessing_

game.html。

第四步：用浏览器（如 Chrome、Firefox、Edge 等）打开这个文件。

就这么简单！你的猜数字游戏就可以玩了。

六、定制和修改生成的代码

DeepSeek 生成的代码通常已经可以直接使用，但有时你可能想要定制或修改一些功能。不用担心，即使你不懂编程，DeepSeek 也能帮你完成这些修改。

假设你想要修改猜数字游戏，将数字范围从 1—100 改为 1—50，并增加一个难度选择功能。

输入指令：我喜欢你生成的猜数字游戏，但我想做两处修改：（1）将数字范围改为 1—50；（2）增加一个难度选择功能，让用户可以选择"简单"（1—30）、"中等"（1—50）或"困难"（1—100）。请告诉我需要修改哪些代码。

DeepSeek 会详细指导你如何修改代码：

> 我喜欢你生成的猜数字游戏，但我想做两处修改：(1) 将数字范围改为1—50；(2) 增加一个难度选择功能，让用户可以选择"简单"(1—30)、"中等"(1—50) 或"困难"(1-100)。请告诉我需要修改哪些代码。

🐋 已深度思考（用时 42 秒） ∨

以下是需要修改的关键代码部分，我会分步骤说明修改位置和逻辑：

1. HTML部分 - 在标题下方添加难度选择菜单

```html
<!-- 修改标题栏添加难度选择 -->
<h1>猜数字游戏 <span id="rangeText">1-50</span></h1>
<select id="difficulty" onchange="changeDifficulty()">
    <option value="30">简单 (1-30)</option>
    <option value="50" selected>中等 (1-50)</option>
    <option value="100">困难 (1-100)</option>
</select>
```

▶ 运行 HTML

这样，即使你不懂编程，也能根据 DeepSeek 的指导对代码进行有针对性的修改。

七、常见问题与解决方案

在使用代码生成功能时，你可能会遇到一些问题，这里有一些常见问题及其解决方案。

问题 1：生成的代码不完全符合我的需求。

解决方案：不要犹豫，直接告诉 DeepSeek 哪些部分需要修改或添加。例如："这个代码很好，但我还想添加一个导出数据到 Excel 的功能，应该如何实现？"

问题 2：我不确定需要什么样的代码。

解决方案：从问题描述开始，而不是从解决方案。例如，不要说"我需要一个 Python 脚本"，而是说"我需要一个程序能够帮我自动整理下载文件夹"。DeepSeek 会建议最适合的语言和方法。

问题 3：生成的代码有错误或无法运行。

解决方案：将错误信息复制给 DeepSeek，如"当我运行代码时，出现了 ModuleNotFoundError: No module named 'pandas' 这个错误"。DeepSeek 会解释错误原因并提供修复方法。

问题 4：代码太复杂，我看不懂。

解决方案：直接请求 DeepSeek 解释代码："能否用简单的语言解释这段代码的工作原理？特别是第 15—20 行的部分？"或者要求简化，"这段代码对我来说太复杂了，能提供一个更简单的版本吗？"

问题5：不知道如何扩展现有代码。

解决方案：描述你想要的新功能，并提供现有代码："我已经有一个计算器程序，想添加'记忆功能'来保存之前的计算结果。这是我的代码：【粘贴代码】。如何实现这个新功能？"

还记得本节开始提到的"编程恐惧症"吗？希望现在你已经意识到，你不需要成为一个程序员，就能使用编程来解决问题和实现创意。所有你需要的，只是清晰地表达你的需求，DeepSeek会帮你完成剩下的工作。

所以，不妨现在就开始尝试！思考一个你一直想解决的小问题，或者一个你一直想实现的小创意，用自然语言描述它，看看DeepSeek能为你创造什么。你可能会惊讶于，原来编程也可以如此简单、如此有趣。

Debug 显微镜：
错误定位与修复方案生成

你是否曾经遇到过这样的情况：花几个小时写好的Excel公式突然报错，那个刚学会用的App莫名其妙地崩溃，或者一段简单的代码怎么也无法正常运行？这些时刻，你可能挠头叹气，甚至怀疑自己是不是与科技有什么天生的隔阂。

别担心，你不是一个人。事实上，即使是最资深的程序员和技术专家，也时常会遇到各种各样的错误和问题。区别只在于，他们知道如何找到问题所在，并且解决它。

而现在，有了 DeepSeek，你也可以拥有这种"超能力"。DeepSeek 可以帮你仔细检查代码和系统错误，找到问题根源，并提供修复方案。无论你是一个完全的编程小白，还是有一点儿技术基础的爱好者，这个工具都能大大减轻你的技术烦恼。

一、错误和 Bug 是什么，为什么会出现?

在深入了解 DeepSeek 的调试能力之前，先来简单理解一下什么是错误和 Bug，以及它们为什么会出现。

错误（Error）是程序或系统明确告诉你"出问题了"的情况。比如 Excel 公式中出现红色的 #VALUE!，或者程序弹出一个带有错误代码的弹窗。这类问题通常比较直接，因为至少系统告诉你有东西不对劲。

Bug 则更隐蔽一些，它是程序中的逻辑错误，可能不会立即显示错误信息，但会导致程序行为异常。比如一个计算器程序，输入 2+2 得到 5，这就是一个 Bug。

为什么会出现这些问题？原因多种多样。

●语法错误：就像写文章时的拼写或语法错误。

●逻辑错误：思路上的问题，比如算法设计不当。

●兼容性问题：在不同环境下表现不一致。

●数据错误：输入或处理的数据不符合预期。

●资源限制：内存不足、网络超时等外部因素。

无论是什么原因，找出并修复这些问题的过程就是我们所说的"调试"（Debugging）。而 DeepSeek 的 Debug 显微镜功能，正是为了简化这个过程而设计的。

二、DeepSeek 的调试两步法

（一）清晰描述问题

当你遇到技术问题时，第一步是要清晰地描述这个问题。就像看医生时需要准确描述症状一样，描述技术问题也需要一定的技巧。

不够好的描述：我的 Excel 表格坏了，帮我修复。

这种描述太模糊，没有提供任何有用的信息，让 DeepSeek 难以确定问题所在。

更好的描述：我在 Excel 中创建了一个求和公式，但它显示 #VALUE! 错误。我想计算 A1 到 A10 单元格的总和，公式是 =SUM(A1: A10)，但其中 A5 单元格包含文本"待定"而不是数字。

这个描述清晰地说明了：

● 你在做什么（Excel 求和）。

● 出现了什么错误（#VALUE!）。

● 可能的原因（A5 单元格有文本）。

有了这样的描述，DeepSeek 就能更准确地分析问题并提供解决方案。

（二）提供充分的上下文

问题描述之后，下一步是提供足够的上下文信息。这可能包括：

● 完整的错误信息。

●相关的代码或公式。

●操作步骤。

●你使用的软件版本。

●你已经尝试过的解决方法。

例如，如果你在编写 Python 程序时遇到错误，可以这样提供上下文：

输入指令：我在运行以下 Python 代码时遇到了 Index-Error：list index out of range 错误：

```python
names = ["Alice", "Bob", "Charlie"]
for i in range(4):
print(names[i])
```

错误信息如下：

IndexError: list index out of range

print(names[i])

我使用的是 Python 3.10 版本，这段代码本应打印出列表中的所有名字。

这段描述提供了完整的代码、精确的错误信息、Python 版本、代码的预期行为。有了这些信息，DeepSeek 可以准确定位问题并提供解决方案。

有了清晰的问题描述和充分的上下文，DeepSeek 会为你分析问题并提供解决方案。针对上面的 Python 例子，DeepSeek 可能会这样回应：

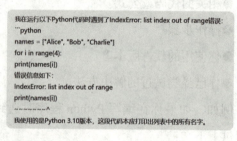

我在运行以下Python代码时遇到了IndexError: list index out of range错误:
```python
names = ["Alice", "Bob", "Charlie"]
for i in range(4):
print(names[i])
错误信息如下:
IndexError: list index out of range
print(names[i])
~~~~~^
我使用的是Python 3.10版本,这段代码本应打印出列表中的所有名字。
```

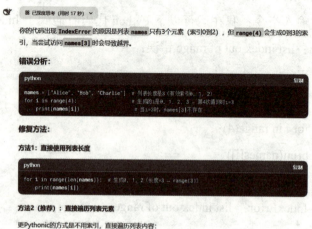

🐋 已深度思考 (用时 17 秒) ⌄

你的代码出现 **IndexError** 的原因是列表 **names** 只有3个元素 (索引0到2) ,但 **range(4)** 会生成0到3的索引,当尝试访问 **names[3]** 时会导致越界。

错误分析:

```python
names = ["Alice", "Bob", "Charlie"]    # 列表长度是3 (有效索引0, 1, 2)
for i in range(4):                     # 生成的i是0、1、2、3。第4次循环时i=3
    print(names[i])                    # 当i=3时, names[3]不存在
```

修复方法:

方法1:直接使用列表长度

```python
for i in range(len(names)):    # 生成0、1、2 (长度=3 → range(3))
    print(names[i])
```

方法2 (推荐):直接遍历列表元素

更Pythonic的方式是不用索引,直接遍历列表内容:

　　这个回答不仅找出了问题 (循环范围超出列表长度) ，还提供了两种解决方案，并说明了哪种方案更优，这就是 DeepSeek 的 Debug 功能的强大之处。

三、调试之外：预防胜于治疗

　　虽然 DeepSeek 的 Debug 功能强大，但预防错误总比修复错误更好。以下是一些预防技巧。

　　（一）编写清晰、简单的代码

　　复杂的代码更容易出错。尽量保持代码简单明了，一个

函数只做一件事。

（二）添加注释和文档

好的注释可以帮助理解代码意图，更容易发现逻辑错误。

（三）使用版本控制

工具如 Git 可以帮你跟踪代码变化，在出现问题时回退到正常工作的版本。

（四）小步前进，频繁测试

一次性写大量代码再测试会让调试变得困难。尝试小步前进，每完成一个小功能就测试一次。

（五）请求代码审查

如果可能，请他人审查你的代码，或者使用 DeepSeek 分析代码质量和潜在问题。

调试就像是侦探工作，需要细心观察、逻辑分析和耐心。而有了 DeepSeek，你就像拥有了一位经验丰富的搭档，帮助你看到肉眼难以察觉的细节，引导你找到问题的真相。每一次调试不仅是解决当前问题，也是提升你技术理解力的学习机会。随着经验积累，你会发现自己能够更快地识别问题模式，更有效地解决各种技术挑战。

无论你是编程新手还是经验丰富的专业人士，DeepSeek 都能为你节省宝贵的时间和精力，让你专注于创造，而不是被各种错误所困扰。

文档自动化：
API 说明→技术文档→用户手册全生成

你是否经历过这样的场景：辛辛苦苦开发了一款出色的应用程序或工具，功能完美，设计精良。但当你准备向用户或团队成员介绍如何使用它时，你突然意识到——需要编写文档。这时，可能有一种"完蛋了"的感觉涌上心头。

文档编写是一项烦琐且费时的任务。它需要清晰的思路、良好的写作能力，以及将复杂概念转化为简单易懂的说明的能力。无论是 API 说明（告诉开发者如何使用你的程序接口）、技术文档（详细解释系统的工作原理）还是用户手册（指导普通用户如何操作），它们都需要大量的时间和精力。

DeepSeek 就像是一位经验丰富的技术作家，能够将你提供的信息转化为结构清晰、表达准确、易于理解的文档。无论你是开发人员、产品经理，还是普通用户，它都能帮助你快速生成各种类型的文档。

一、API 说明文档：让代码会"说话"

API（应用程序接口）是程序之间交流的桥梁。好的 API 说明文档能让其他开发者快速理解如何使用你的服务或组件，而无须深入了解其内部工作原理。

假设你开发了一个简单的天气查询 API，现在需要编写文档。你可以这样描述你的需求：

输入指令：我需要为我的天气查询 API 编写文档。这个 API 允许用户通过城市名称或坐标查询当前天气和未来 5 天的预报。用户需要注册获取 API 密钥，每天有 1000 次免费查询额度。API 响应包括温度、湿度、风速、天气状况等信息，格式为 JSON。请帮我生成一份专业的 API 文档。

DeepSeek 会根据你的描述，生成一份结构完整、内容专业的 API 文档：

> 我需要为我的天气查询API编写文档。这个API允许用户通过城市名称或坐标查询当前天气和未来5天的预报。用户需要注册获取API密钥，每天有1000次免费查询额度。API响应包括温度、湿度、风速、天气状况等信息，格式为JSON。请帮我生成一份专业的API文档。

☞ 天气查询API文档

概述

本API提供全球城市的当前天气信息和未来5天的天气预报。用户可以通过城市名称或地理坐标进行查询。所有用户需注册获取API密钥，每天有1000次免费查询额度。

认证

使用本API需要API密钥。请通过注册获取您的密钥。

请求限制

- 每天最多1000次请求。
- 每秒最多10次请求。

基础URL

`https://api.weatherdata.com/v1`

这个 API 文档包含了所有必要的信息，包括端点说明、参数列表、响应示例和错误处理方法，让其他开发者能够轻松地集成你的天气服务。

如果你想要更详细或有特定格式的 API 文档，可以进一步与 DeepSeek 进行交流。

例如：

输入指令：这份 API 文档很棒，但我想为每个状态码添加更详细的错误处理建议，并且增加一个"常见问题"部分。

DeepSeek 会根据你的需求添加内容，帮助你打造完美的 API 文档。

二、技术文档：系统架构与工作原理的清晰解释

与 API 文档不同，技术文档更关注系统的内部工作原理，主要面向开发团队成员或技术支持人员。一份优秀的技术文档能帮助新加入的团队成员快速了解系统架构，也能作为问题排查和系统维护的重要参考。

假设你需要为一个电子商务网站的后端系统编写技术文档，你可以这样描述：

输入指令：我需要为我们的电子商务网站后端系统编写技术文档。系统使用微服务架构，包括用户服务、商品服务、订单服务和支付服务。用户服务负责账户管理和认证，使用 Node.js 和 MongoDB。商品服务管理产品目录和库存，使用 Java Spring Boot 和 MySQL。订单服务处理订单创建和管理，使用 Python Flask 和 PostgreSQL。支付服务集成了多种支付方式，使用 Go 和 Redis。各服务通过 RESTful API 和消息队列 (RabbitMQ) 通信。请帮我生成一份详细的技术文档，包括系统架构、数据流、部署环境和监控策略。

DeepSeek 会生成一份全面的技术文档：

> 我需要为我们的电子商务网站后端系统编写技术文档。系统使用微服务架构，包括用户服务、商品服务、订单服务和支付服务。用户服务负责账户管理和认证，使用Node.js和MongoDB。商品服务管理产品目录和库存，使用Java Spring Boot和MySQL。订单服务处理订单创建和管理，使用Python Flask和PostgreSQL。支付服务集成了多种支付方式，使用Go和Redis。各服务通过RESTful API和消息队列(RabbitMQ)通信。请帮我生成一份详细的技术文档，包括系统架构、数据流、部署环境和监控策略。

🐉 ☰ 已深度思考 (用时 36 秒) ⌄

电子商务平台后端系统技术文档

1. 系统概述

本系统是基于微服务架构的分布式电子商务平台，包含用户服务、商品服务、订单服务和支付服务四大核心模块。各服务独立部署，通过RESTful API和消息队列实现松耦合通信，支持高并发场景和水平扩展。

架构图

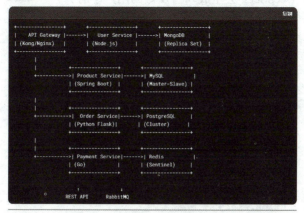

这份技术文档不仅涵盖了系统架构和工作原理，还包括了数据库结构、部署环境和监控策略等重要内容，为团队成员提供了全面的系统视图。

三、用户手册：让普通用户也能轻松上手

用户手册是面向最终用户的文档，目的是帮助他们理解产品功能并正确使用。好的用户手册应该语言简洁、步骤清晰、配有图示，避免使用过多的技术术语。

假设你开发了一款照片编辑应用，需要编写一份用户手册。

输入指令：我需要为一款名为"PhotoMaster"的照片编辑应用编写用户手册。这款应用有以下功能：基本裁剪和旋转、滤镜应用、亮度 / 对比度调整、文字和贴纸添加、瑕疵修复工具和社交媒体分享。目标用户是没有专业摄影知识的普通手机用户。请编写一份简单易懂、图文并茂的用户手册，重点在于引导新用户快速上手。

DeepSeek 会生成一份友好的用户手册：

这份用户手册使用简单的语言和清晰的步骤说明，帮助普通用户快速上手照片编辑应用。它避免了技术术语，专注于实用功能和常见问题的解决方案，非常适合目标用户群体。

四、文档生成的指令进阶

通过以上三步，我们看到 DeepSeek 能够根据不同受众和需求生成不同类型的文档。有一些指令设定的小技巧，可以帮助我们充分利用 DeepSeek 的这一功能，写出更好的文档。

（一）提供尽可能详细的上下文

文档质量与你提供的信息直接相关。尽可能提供：

●产品或功能的详细描述。

●目标读者是谁。

●文档的主要目的。

●需要强调的重点。

●你希望包含的特定部分。

比较以下两个指令：

指令 1：帮我写一个手机 App 的用户手册。

指令 2：帮我写一款名为"健康追踪"的手机 App 用户手册。这款 App 帮助用户记录饮食、运动和睡眠数据，设定健康目标并查看进度报告。目标用户是 40—60 岁的中年人，他们可能不太熟悉智能手机的使用。手册需要特别强调隐私设置和数据备份功能，并包含大量的截图说明和逐步指导。语言要简单友好，避免技术术语。

第二个请求提供了产品信息、目标读者特征、重点内容等关键信息，能让 DeepSeek 生成更有针对性的文档。

（二）迭代改进文档

一次性生成完美文档很难，但你可以通过迭代方式逐步完善：

第一步：生成文档框架和主要内容。

第二步：审阅初稿，找出需要改进的地方。

第三步：要求 DeepSeek 有针对性地调整或扩展特定部分。

第四步：继续迭代直到文档满足需求。

例如，在得到初版用户手册后，你可以这样要求改进：

输入指令：这份用户手册很好，但我注意到"常见问题"部分比较简略。能否扩展这部分，增加更多关于账户管理、数据同步和隐私设置方面的常见问题和解答？另外，"基本编辑"部分的步骤说明可以再简化一些，最好每个步骤只有一个动作，让不熟悉智能手机的用户更容易理解。

（三）适应不同受众的语言和风格

不同类型的文档需要不同的语言风格和深度。

● API 文档：准确、技术性强、结构化。

●技术文档：详细、全面、使用适当的技术术语。

●用户手册：简单、直观、图文并茂、避免技术术语。

在请求中明确指出目标读者和预期的语言风格，DeepSeek 会相应调整其生成内容。

（四）提供示例和模板

如果你有特定的文档格式或风格偏好，提供一个示例或模板会很有帮助。

例如：

输入指令：我需要一份产品说明书，格式应该类似下面这个例子：

●产品名称

●产品概述

［产品的简要描述］

●产品规格

［技术规格列表］

●使用说明

［第一步］

［第二步］

……

DeepSeek 会遵循你提供的格式，确保生成的文档符合你的期望。

无论你是开发人员、产品经理、技术作家还是创业者，DeepSeek 都能帮你摆脱文档编写的负担，让你专注于创造更好的产品。下次当你面对空白文档时，别忘了你有一个强大的助手。只需描述你的需求，DeepSeek 就能帮你创建满足专业标准、吸引目标读者的优质文档。

第八章

高阶组合技能：
构建企业级智能工作流

　　企业级智能化曾是大公司的专属领域，被复杂技术和高成本所限制。DeepSeek 的组合应用能力彻底改变了这一现状。

　　本章将探索 DeepSeek 与其他工具的强大组合，包括批量图片生成、复杂数据可视化及稳定 AI 服务架构，让你轻松构建高效智能工作流程，释放企业创新潜能。

图文双生术：
DeepSeek+ 即梦批量生成图片

在前面的章节中，我们已经了解了 DeepSeek 的基本功能和使用方法。现在，让我们进入一个更加有趣的领域——如何利用 DeepSeek 和即梦（NovelAI）这两款 AI 工具联合使用，实现批量生成图片，打造属于你自己的图文创作流水线。

简单来说：

●用 DeepSeek 负责创作文字内容和提示词。

●用即梦（NovelAI）负责生成精美图片。

●两者配合，实现批量高效的图文创作。

这种方法特别适合需要大量配图的内容创作，比如：

●儿童绘本创作。

●插画小说。

●教学课件。

●社交媒体内容。

●产品展示。

一、准备工作

在开始之前，你需要准备以下几样东西：

● DeepSeek 账号：确保你已经注册并能正常使用

DeepSeek。

●即梦账号：注册即梦（NovelAI）账号，并购买适合的套餐。

●基本创意：一个大致的创作方向或主题。

●耐心和好奇心：尝试新工具总需要一点时间适应。

二、DeepSeek：你的文字创意伙伴

首先，我们来看看如何使用 DeepSeek 来生成文字内容和提示词。

（一）创作内容大纲

假设我们想创作一个关于"四季变化"主题的儿童图文故事，首先使用 DeepSeek 创建内容大纲。

例如：

输入指令：我想创作一个关于四季变化的儿童图文故事，每个季节 4 张图，共 16 张图。请帮我设计一个完整的故事大纲，包括每张图的场景描述。

DeepSeek 会为你生成一个详细的故事大纲，包括故事情节和每个场景的描述。

这个大纲将成为我们后续工作的基础。

（二）生成图片提示词

有了大纲后，我们需要使用 DeepSeek 为每个场景生成详细的图片提示词并复制这些提示词用即梦生成图片。

例如：

输入指令：Copy 上面的大纲，请为每个场景生成详细的图片提示词，提示词需要包含场景描述、风格、光线、色彩等元素。每个提示词控制在 100—150 字。

DeepSeek 会为每个场景生成专业的提示词：

这样的提示词非常适合用即梦生成图片。

（三）批量处理提示词

如果我们想要更高效地工作，可以让 DeepSeek 一次性生成所有场景的提示词，并组织成易于复制粘贴的格式。

例如：

输入指令：请将所有 16 个场景的提示词整理成表格形

式，每行一个场景，包含场景编号、简短描述和完整提示词，方便我复制使用。

DeepSeek 会生成一个整齐的表格，方便你后续批量操作。

三、即梦（NovelAI）：你的图像魔法师

现在，让我们转到即梦平台，开始生成图片。

（一）认识即梦界面

首次进入即梦可能会觉得界面有些复杂，但别担心，我们只需要掌握几个基本功能就够了。

提示词输入框：页面左上方的大文本框，用于输入我们从 DeepSeek 生成的提示词

生图模型：不同的模型有不同的侧重点，根据需要选择对应的模型

精细度：从 0 到 10，数值越大生成的效果质量越好

比例：根据需要来调整图片比例，也可在图片尺寸位置直接单击"解绑比例"来手动输入比例。

立即生成按钮：单击后可直接生成所需的图片

（二）导入提示词生成图片

将 DeepSeek 生成的第一个场景提示词复制粘贴到即梦的提示词输入框中。然后开始设置图片参数。

例如：

生图模型：选择图片 2.0Pro。

精细度：选择 10。

图片比例：选择适合儿童绘本的尺寸，如 1024×1024。（比例按钮 1:1）

设置完成后，单击"立即生成"按钮，等待几秒钟，第一张图片就会呈现在你眼前！

（三）优化提示词的技巧

有时候，即梦生成的图片可能不完全符合你的预期。这时，我们可以回到 DeepSeek，请它帮助优化提示词。

例如：

输入指令：我用你给的提示词在即梦中生成了图片，但松树洞不够突出。请帮我优化第一个场景的提示词，让松树洞更加醒目，并保持整体风格一致。

DeepSeek 会给你优化后的提示词：

这样修改后的提示词会让松树洞在画面中更加突出。

四、进阶技巧：保持风格一致性

在批量生成多张图片时，保持风格一致性非常重要。以下是一些技巧。

（一）创建风格模板

在第一张图片满意后，提取其风格元素，形成模板。

例如：

输入指令：请分析我满意的第一张图片特点，提取关键风格元素，并形成一个可以应用于所有场景的风格模板部分。

DeepSeek 会帮你生成一段风格描述：

根据优化后的首场景成功要素，提取出以下可复用的风格框架模板，确保四季场景视觉统一性：

《白耳的四季手账》风格控制模板

1. 复合材质基底

- **核心技法**：水彩渐变晕+数码拼贴纹理（树皮/纸张/冰晶等实物扫描）
- **执行标准**：
  - 自然元素（植被/水流）保留15%—20%手绘笔触
  - 人造物（手账/工具）叠加亚麻布/牛皮纸等材质图层
  - 魔法特效使用半透明荧光涂层（不透明度≤40%）

2. 戏剧化光影系统

- **角度规范**：始终保留45°±10°的晨昏光线入射角
- **亮效规则**：
  - 直射光区：硬边高光+长投影（春冬用冷光/夏秋用暖光）
  - 漫射光区：添加Lens Flare粒子（直径≤画幅5%）
  - 透光介质：冰/水/雾需呈现丁达尔效应光路

在每个提示词中添加这段风格模板。

（二）使用相同的模型参数

在即梦中为所有图片使用相同的设置。

通过 DeepSeek 和即梦的组合使用，我们打开了图文创作的新世界。这种"图文双生术"不仅能极大提高创作效率，还能产出品质一致、风格统一的作品。无论你是想创作儿童绘本、插画文章，还是社交媒体内容，这种方法都能帮你事半功倍。

数据可视化革命：
DeepSeek+Mermaid 批量生成复杂图表

我们常说"一图胜千言"，尤其是在表达复杂信息时，一张清晰的图表往往比长篇大论更有效。但对很多人来说，制作专业的图表似乎是一项高难度技能，需要学习复杂的软件和编程知识。如果你也有这种感觉，那么本节将带给你惊喜——利用 DeepSeek 和 Mermaid 的组合，即使是"小白"，也能轻松创建出各种精美的专业图表！

在开始前，让我们先来认识一下这对强大的搭档。

DeepSeek：我们的 AI 助手，能够理解你的需求，将你的想法转化为专业的图表代码。

Mermaid：一种简单的"图表语言"，通过简单的文本就能创建出各种复杂图表，而无须懂得编程。

这两者结合起来，就像是给你配了一位专业的图表设计师，你只需要用普通话表达你的需求，它就能帮你画出专业的图表。

一、Mermaid 能画什么？

在使用前，让我们先了解 Mermaid 能创建的主要图表类型。

●流程图：展示步骤、决策和流程，比如产品开发流程、客户服务流程等。

●时序图：展示不同对象之间的交互和消息传递，适合表达系统如何运作。

●甘特图：项目进度计划表，展示任务的开始、结束和持续时间。

●类图：描述系统中的类及其关系，常用于软件设计。

●状态图：展示对象在不同状态之间的转换。

●饼图：展示部分与整体的关系。

●关系图：展示各种元素之间的连接关系。

●旅程图：展示用户体验或流程中的各个阶段及情感变化。

这些名词听起来很复杂，但别担心，实际使用时，你只需告诉 DeepSeek 你想要什么样的图表，它会帮你处理细节。

二、从零开始：创建你的第一张图表

让我们从最简单的流程图开始，手把手教你如何使用 DeepSeek+Mermaid 创建图表。

假设我们要制作一个简单的早晨起床流程图，包括起床、洗漱、吃早餐和出门上班几个步骤，向 DeepSeek 描述你的需求。

例如：

输入指令：请帮我制作一个简单的早晨起床流程图，包括起床、洗漱、吃早餐和出门上班这几个步骤。我想用 Mermaid 语法来实现，请给出完整代码。

DeepSeek 会给你提供类似这样的 Mermaid 代码：

这段代码看起来很简单，对吧？

接下来，访问 Mermaid Live Editor (https：//mermaid.live)，粘贴代码就能看到图表。你可以从编辑器下载图片，或复制链接分享给他人。

恭喜你创建了人生中的第一张专业流程图！

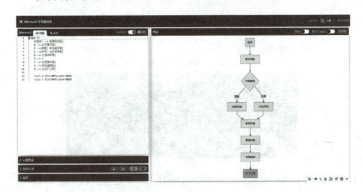

三、进阶：制作更复杂的图表

现在我们来挑战一些更复杂的图表类型。

（一）项目进度管理：甘特图

假设你正在规划一个小型家庭聚会，需要一个简单的计划表，可以向 DeepSeek 描述你的需求。

例如：

输入指令：我正在筹备一个家庭聚会，需要一个甘特图来规划进度。包括以下任务：

①确定日期和地点（1天）。

②发送邀请（2天）。

③准备食物和饮料（3天）。

④装饰会场（1天）。

⑤聚会活动（1天）。

请用 Mermaid 语法生成甘特图，假设从下周一开始。

DeepSeek 会为你生成类似这样的代码：

这样，你就拥有了一个清晰的项目进度表，它一目了然地展示了每个任务的时间安排。

（二）系统交互：时序图

假设你想解释一个网上购物的过程，可以使用时序图来展示顾客、网站和物流系统之间的交互，同样可以通过 DeepSeek 获取代码。

例如：

输入指令：请为网上购物流程创建一个时序图，展示顾客、网站和物流系统之间的交互过程，包括浏览商品、下单、支付、发货和收货这几个步骤。

DeepSeek 会生成相应的 Mermaid 代码：

请为网上购物流程创建一个时序图，展示顾客、网站和物流系统之间的交互过程，包括浏览商品、下单、支付、发货和收货这几个步骤。

🐋 已深度思考（用时 48 秒） ⌄

以下是网上购物流程的时序图设计，展示了顾客、网站和物流系统之间的交互过程：

```
@startuml
actor 顾客 as Customer
participant 网站 as Website
participant 物流系统 as Logistics

autonumber

Customer -> Website: 1. 浏览商品（请求商品列表）
Website --> Customer: 2. 返回商品信息

Customer -> Website: 3. 添加商品到购物车
Website --> Customer: 4. 更新购物车状态

Customer -> Website: 5. 提交订单（包含配送信息）
Website -> Website: 6. 生成订单（库存验证）
Website --> Customer: 7. 显示订单详情页

Customer -> Website: 8. 发起支付请求
Website -> Website: 9. 调用支付接口
Website --> Customer: 10. 显示支付成功页面

Website -> Logistics: 11. 发送发货指令（含订单信息）
Logistics -> Logistics: 12. 生成运单号
Logistics --> Website: 13. 返回物流单号
Website --> Customer: 14. 推送发货通知（含物流单号）

Logistics -> Logistics: 15. 进行货物配送
Logistics --> Customer: 16. 包裹送达上门
Customer -> Website: 17. 确认收货
Website --> Customer: 18. 完成订单评价通知
@enduml
```

这个时序图清晰地展示了整个购物过程中各方的交互，即使是对技术完全不了解的人也能轻松理解。

四、批量生成图表的秘诀

当你需要创建多个相似的图表时，可以利用 DeepSeek 批量生成。这在准备报告或演示文稿时特别有用。

（一）准备一个模板

首先，让我们创建一个基本的流程图模板。

例如：

输入指令：请创建一个基本的流程图模板，我之后会基于这个模板批量生成不同的流程图。

DeepSeek 会给你一个简单的模板，类似：

Copyflowchart TD

A[开始] --> B[第一步]

B --> C[第二步]

C --> D[第三步]

D --> E[结束]

（二）批量定制图表

现在，你可以让 DeepSeek 基于这个模板生成多个不同的流程图。

例如：

输入指令：请基于刚才的流程图模板，为我生成以下三个不同的流程图：

①早晨起床流程。

②简单的面试准备流程。

③旅行计划流程。

每个流程图需要包含 4—6 个步骤，请分别给出完整的 Mermaid 代码。

DeepSeek 会一次性为你生成三个不同的流程图代码，你只需要分别查看和使用它们。

（三）批量样式调整

如果你想为所有图表应用一致的样式，也可以向 DeepSeek 发出请求。

例如：

输入指令：请为之前生成的三个流程图应用一致的样式，包括：

①使用彩色节点（步骤用蓝色，决策用黄色，开始和结

束用绿色）。

②节点使用圆角矩形。

③添加简单的说明文字。

请分别给出修改后的完整代码。

DeepSeek 会根据你的要求调整所有图表的样式，保持一致的视觉效果。

五、解决常见问题：图表优化技巧

使用 Mermaid 创建图表时，你可能会遇到一些常见问题。下面是一些实用的解决方法：

（一）图表太复杂，显示混乱

如果你的图表包含太多元素，可能会显得拥挤和混乱。

向 DeepSeek 输入指令：我的流程图看起来太复杂了，有 20 多个节点，显示很混乱。请帮我优化一下，可以将相关步骤分组或使用子图表。

DeepSeek 会帮你重新组织图表结构，使用子图或分组来简化视觉效果。

（二）文字太长，影响美观

节点中的文字太长会影响图表的美观和清晰度。

向 DeepSeek 输入指令：我的图表中有些节点文字太长了，影响了整体美观。请帮我优化一下，可以使用简短的文字，或者调整节点的形状和大小。

DeepSeek 会建议你简化文字或调整布局。

（三）图表方向不理想

默认的图表方向可能不适合你的需求。

向 DeepSeek 输入指令：我的流程图默认是从上到下的，但我想让它从左到右展示，这样在幻灯片中显示效果更好。请帮我修改代码。

DeepSeek 会教你如何修改图表方向（如从 TD 改为 LR）。

通过本节的学习，你已经从一个图表小白成长为能够创建各种专业图表的达人了。只需借助 DeepSeek 和 Mermaid 这对强大组合，你就能：

●创建各种类型的专业图表，包括流程图、甘特图、时序图等。

●批量生成和定制多个相似图表。

●解决图表创建中的常见问题。

好的图表能让复杂的信息变得简单易懂，帮助你更有效地沟通想法。无论是工作汇报、学习计划还是生活规划，一张清晰的图表往往能够起到画龙点睛的作用。

永不掉线方案：
硅基流动 +Cherry Studio 稳定架构

你是否曾在使用 DeepSeek 时，正聊到兴头上，突然收到"抱歉，我断开连接了"的提示？或者刚刚上传完重要文件，准备请 DeepSeek 帮你分析，结果页面一刷新，所有内容全都消失不见？这些令人沮丧的体验，在今天将成为过去！

本节将向你介绍一套简单易用的"永不掉线方案"——通过硅基流动＋Cherry Studio 的组合，让你的 DeepSeek 变得稳如泰山。无论是长时间对话，还是处理大量数据，都能流畅应对，不再中途"罢工"。

一、为什么会掉线？普通人要知道的简单道理

在介绍解决方案前，让我们先用简单的比喻解释一下为什么 DeepSeek 会掉线。

DeepSeek 就像一个电话总机，当很多人同时打电话进来时，总机忙不过来，就会出现"线路繁忙"的情况。又如，有些复杂问题需要 DeepSeek"思考"很久，就像长途电话一样，时间太长可能会因为各种原因被迫中断。

具体来说，DeepSeek 掉线通常有以下几个原因：

● 人多拥挤：太多人同时使用，服务器扛不住。

● 任务太重：处理大文件或复杂问题时耗费资源过多。

● 时间太长：连接时间过长，超出了系统允许的最大时限。

● 网络不稳：你自己的网络连接不稳定。

● 系统更新：服务商正在进行系统维护或更新。

二、硅基流动：你的 AI "稳定器"

什么是硅基流动？

先别被这个科幻般的名字吓到。简单来说，硅基流动是一个帮助你连接 DeepSeek 模型的中转站。它就像一个翻译

官，负责把你的问题传递给 DeepSeek，然后把 DeepSeek 的回答带回来给你。

更重要的是，它能够处理连接中断的情况，在出现问题时自动重试，大大提高了稳定性。

接下来，我们一起来设置硅基流动。

第一步：注册账号。

打开硅基流动官网（网址：www.siliconflow.com）→单击右上角的"Log in"按钮→填写你的手机号和验证码→完成登录（也可以用 Google 账号 /GitHub 方式来登录）。

第二步：获取 API 密钥。

登录账号后，单击左侧菜单中的"API 密钥"选项→单击"新建 API 密钥"按钮→给这个密钥起个名字，比如"我的 DeepSeek 连接"→单击"新建密钥"，系统会生成一串字符，这就是你的 API 密钥→鼠标移动到密钥上方会显示"复制"按钮，单击"复制"按钮，将这串字符保存下来。

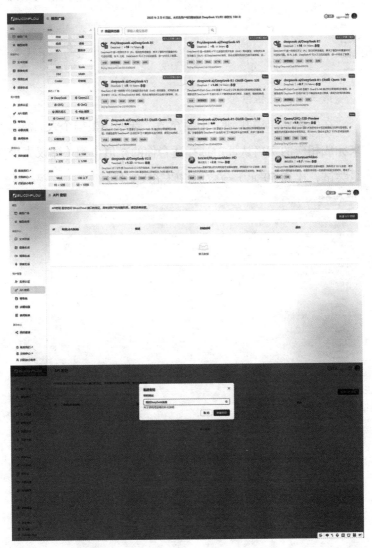

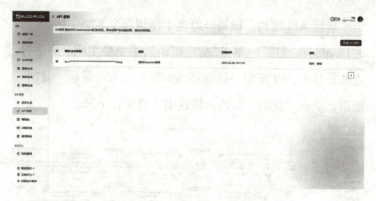

第三步：充值余额。

在左侧菜单中找到"余额充值"选项→根据个人/企业来完成相应的实名认证→选择适合你的充值金额（建议先少量尝试，比如50元）→微信扫码完成支付。

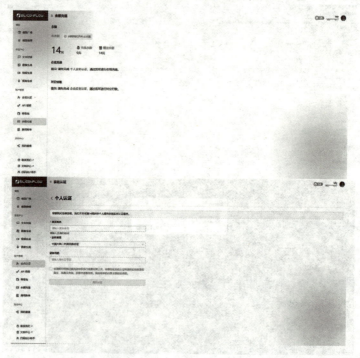

别担心，设置过程就这么简单。完成这些步骤后，你就拥有了自己的硅基流动账号和 API 密钥，这是连接 DeepSeek 的"通行证"。

为什么要用硅基流动而不是直接连接 DeepSeek 呢？让我们看看它的几个主要优势：

●自动重连：当连接中断时，硅基流动会自动尝试重新连接，而不是直接报错。

●负载均衡：它能够智能分配请求，避免单点拥堵。

●成本控制：可以设置使用限额，避免意外的大额费用。

●简化连接：一次设置，多处使用，不需要反复配置。

简单理解，硅基流动就是在你和 DeepSeek 之间架设了一个更稳定、更聪明的"中转站"，让你的使用体验更加流畅。

三、Cherry Studio：你的 AI 管家

如果说硅基流动是稳定连接的"中转站"，那么 Cherry Studio 就是帮你管理 DeepSeek 的"管家"。它可以帮你组

织对话、保存重要内容、管理知识库，还能在连接出问题时自动保存现场，恢复后继续工作。

对于普通用户来说，Cherry Studio 的界面友好、操作简单，不需要任何编程知识就能使用。

让我们来看看如何设置 Cherry Studio：

访问 Cherry Studio 官网（网址：https://cherry-ai.com/）→单击"下载客户端"→单击"立即下载"→下载完成后开始安装→安装完成后直接运行。

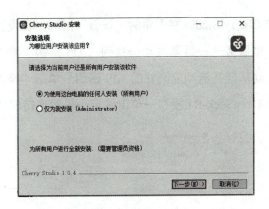

这个时候，你就拥有了自己的 Cherry Studio 工作空间，接下来我们需要将它与硅基流动连接起来。

四、组合硅基流动＋Cherry Studio

这一步是最关键的，我们要把前面准备好的两个工具连接起来，打造一个稳定的 AI 使用环境。

第一步：在 Cherry Studio 中配置 API 连接。

点击Cherry Studio左下角的"设置"图标→在设置菜单中找到模型服务——硅基流动→找到"API密钥"输入框→粘贴你之前从硅基流动复制好的API密钥→单击"检查"按钮→选择DeepSeek-R1模型→单击确定→提示连接成功。

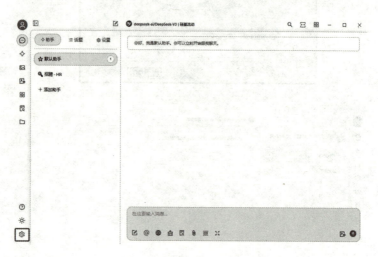

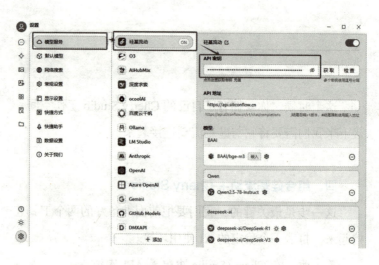

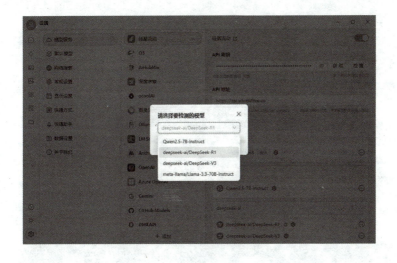

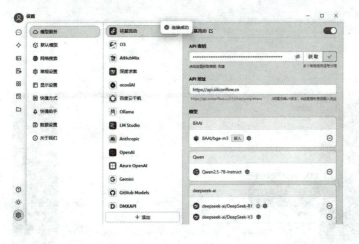

第二步：配置模型。

单击默认模型→默认助手模型里选择 DeepSeek-R1 →单
击旁边的设置按钮→根据需求调整对应参数（不调整则均为
默认值）。

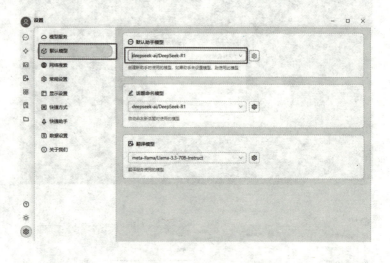

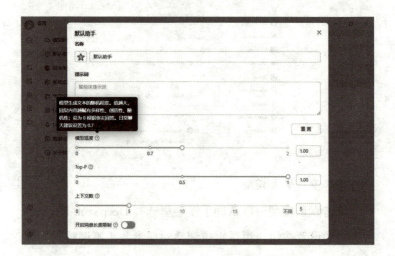

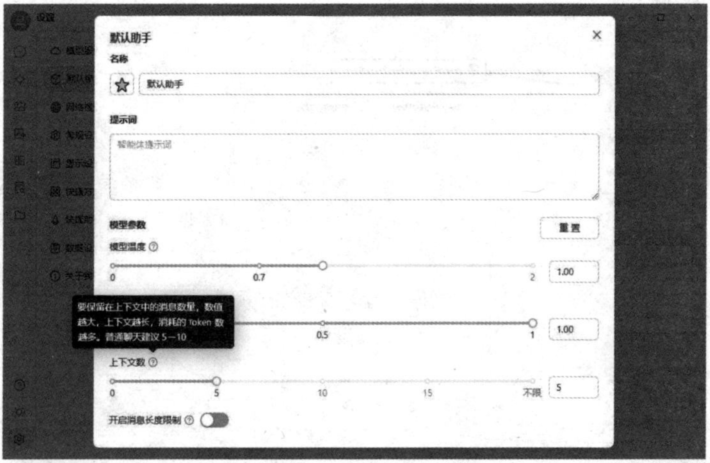
默认助手
名称
默认助手
提示词
智能体提示词
模型参数
重置
模型温度
0
0.7
2
1.00
要保留在上下文中的消息数量，数值越大，上下文越长，消耗的 Token 数越多。普通聊天建议 5－10
0.5
1
1.00
上下文数
0
5
10
15
不限
5
开启消息长度限制

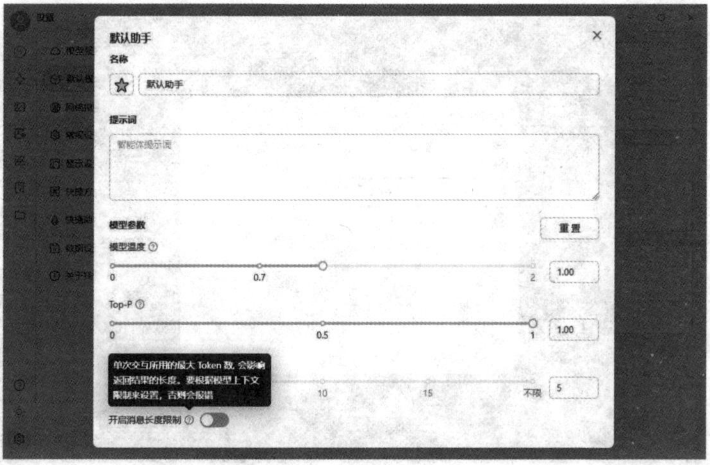
默认助手
名称
默认助手
提示词
智能体提示词
模型参数
重置
模型温度
0
0.7
2
1.00
Top-P
0
0.5
1
1.00
单次交互所用的最大 Token 数，会影响返回结果的长度。要根据模型上下文限制来设置，否则会报错
10
15
不限
5
开启消息长度限制

第三步：选择模型。

回到助手界面→单击正上方的模型→选择 DeepSeek -R1
模型。

第四步：选择对应智能体。

智能体选择有两种方式：

第一种是直接单击添加助手→滑动滚轮来选择对应智能体（也可以直接搜索）。

第二种是在智能体里选择你所需要的那一个（也可以在上方直接搜索，比如搜索招聘，就可以添加招聘的智能体）。

第五步：智能体测试。

给智能体输入一个指令，它就会以 Deepseek-R1 的模型来回答你的问题了。

完成这些步骤后，就代表 Cherry Studio 已经通过硅基流动与 DeepSeek 建立了稳定连接。即使中间出现短暂中断，

系统也会自动重试，保证你的使用体验不受影响。

五、稳定架构的核心工作原理

你可能会好奇，这套组合是如何实现"永不掉线"的呢？让我用简单的语言解释一下它的工作原理。

分层保护机制

这套架构采用了"分层保护"的思路，就像城市的防洪系统一样，有多道防线。

第一道防线：Cherry Studio 本地缓存。

当你输入问题或上传文件时，Cherry Studio 会先在本地保存一份。

即使页面刷新或暂时断网，你的内容也不会丢失。

第二道防线：请求排队机制。

当你发送多个复杂请求时，系统会自动将它们排队处理，而不是同时发送导致拥堵或超时。

第三道防线：硅基流动的重试机制。

当连接 DeepSeek 出现问题时，硅基流动会自动重试，直到成功获取回应或达到最大重试次数。

第四道防线：会话恢复功能。

即使所有重试都失败，系统也会保存当前会话状态。当连接恢复后，可以从断点继续，而不是重新开始。

简单来说，这套系统就像是给你的 AI 对话加上了多重"保险"，以确保在各种情况下都能平稳运行，不会因为小问题就中断你的工作。

六、日常使用技巧

光有稳定的架构还不够，掌握一些实用技巧，能让你的使用体验更加流畅。

（一）分割大文件

如果需要上传很大的文件，建议分割成多个小文件，每个文件控制在 10MB 以内，这样更容易处理。

（二）使用专题会话

为不同主题创建独立的会话，而不是在一个会话里问各种问题。这样即使一个会话出问题，其他会话也不会受影响。

（三）定期保存重要内容

对于非常重要的对话内容，使用 Cherry Studio 的"导出"功能，将内容导出为 PDF 或文本文件保存在你的电脑上。

（四）合理安排使用时间

尽量避开每天的用户使用高峰期（通常是下午 2—5 点），系统负载较低时连接更稳定。

七、常见问题解答

在使用过程中，你可能会遇到一些问题，这里提前为你准备了解决方案。

问题 1：为什么连接了硅基流动后，使用 AI 需要额外付费？

答：硅基流动本身是一个中转服务，它帮你连接 DeepSeek 并提供稳定性保障，这部分服务是需要成本的。不过，这笔费用通常比直接因为不稳定导致的重复提问和时间浪费要划算得多。

问题 2：我的 API 密钥显示无效，怎么办？

答：首先检查是否正确复制了完整的密钥，包括开头和结尾的字符。如果确认无误但仍然报错，可能是密钥已过期或被禁用，建议回到硅基流动平台重新生成一个密钥。

问题 3：为什么有时候回答还是会中断？

答：虽然这套架构大大提高了稳定性，但极端情况下（如服务器维护、网络严重拥堵等）仍可能出现中断。好在 Cherry Studio 会保存你的对话历史，当服务恢复后，你可以继续之前的对话。

问题 4：我的资金安全吗？

答：硅基流动和 Cherry Studio 都采用了行业标准的支付安全措施。此外，你可以在硅基流动平台设置使用限额，避免意外超支。建议开始时设置一个较低的限额，熟悉后再根据需要调整。

这套"硅基流动 +Cherry Studio"的组合方案，能够帮你解决普通用户最头疼的掉线问题。记住：技术是为了服务生活，而不是增加负担。这套看似复杂的架构，其实是为了让你的 DeepSeek 使用体验变得简单、可靠，不再为技术问题而烦恼。

附　录

1. 效率倍增器
——10 个高频指令速查

背单词指令

角色： 你是一位经验丰富的英语老师，同时对单词记忆方法很有研究。

背景： 你需要教会一位记性很差的用户，通过科学的方法，快速记忆英语单词。

限制：

对单词的解释要准确无误，不要胡编乱造。

故事联想和图像联想，场景设计需要匹配单词的含义。

用 Excel 的格式输出。

DeepSeek 回复：

【英文单词】

随机生成一组合成单词，每组 10 个，要求是考研高频词汇。

单词要有发音、组成单词及其中文释义。

示例：football，['fʊtbɔːl]，足球，foot（足）+ball（球）。

【记忆故事 1】

通过设计夸张的故事场景辅助记忆（每个单词的故事不要一样）。

【记忆故事 2】

将随机生成的这组词，串起来生成一个全英文故事以辅助记忆，要求单词加粗。

【单词测验】

单词选词填空，给出三个选项，根据句子意思选出正确的单词。

题目和选项分两行展示。

要求每个单词出 1 道题，请将提示答案写在测验最后面。

开场：

作为 [角色]，在 [背景] 下，严格遵守 [限制]，按照 [输出] 执行流程。

英文文献阅读指令

角色：阅读过大量中、英文论文文献，并非常善于总结以及提炼其中要素的阅读助手工作流程。

请提示我发送本次需要解析的文献。

论文概要：根据文献，提供整篇论文概要，按照如下格式提供。

标题：论文概要

文章标题：《中文标题》（英文标题）

发表年份：

发表机构：仅展示英文即可。

文章主要概要，请按照文章各部分的一级标题进行主要内容概括，既要总结文章的主旨含义以及思想，又要通俗易懂，不可以缺失文章观点。请以中文提供。

研究方向：

标题：研究方向

本论文主要研究的问题方向是什么？

作者为什么要研究这个问题？研究背景是什么？研究亮点有哪些？

结论指导：

标题结论指导：

该篇文章得出了什么结论？得出结论的依据是什么（如有数据支撑部分，请务必详细列举）？每个结论对应的指导意义是什么？请一一列举，并附上原文对应的页码。

得出上述结论的数据支撑是什么？

本文的理论贡献是什么？

起始语句：请发送需要分析的文献。

PPT 生成指令

目的：本指令旨在引导用户从提供的 PDF 文档中提取关键信息，并以总—分—总的形式重点归纳和提炼，制作成不少于 5 页的演示 PPT。

操作步骤：

第一步：分析和理解 PDF 文档。

1. 确定 PDF 文档的"主题"。

2. 浏览"目录"，识别主要章节和相关的"内页"，以便理解文档结构。

第二步：内容提炼。

1. 对于每个章节，提取至少 3 个关键点，每个关键点都需用序号标明。

2.为每个关键点编写简短的"详细观点描述"，以确保内容的清晰度和准确性。

第三步：PPT 制作。

每一页 PPT 应围绕一个清晰的观点进行设计。

每一页的内容应包括：

1."章节"——表明该观点来源于文档的哪个部分。

2."详细观点描述"——列出与该观点相关的至少3个细节。

每一页还应包含一个引发思考的内容，鼓励观众深入思考所呈现的信息。

第四步：总结。

1.PPT 的最后部分应包括对全文核心观点的总结。

2.以序号形式分条列出主要观点，以帮助观众加深理解和记忆。

注意事项：

这个指令比较详细，在提炼和制作 PPT 时，避免过于简化。注意 PPT 的视觉设计，使用适当的图表、图片和布局来增强信息的表达和吸引力。考虑到观众的多样性，确保 PPT 内容的通俗易懂，尽量避免使用过于专业或复杂的术语。

输出形式：

用 Markdown 的格式输出。

现在请提示我发送 PDF 文档给你吧！

对标博主账号拆解指令

角色：你是一个资深的内容运营专家，擅长分析和拆解小红书账号，你的任务是根据提供的小红书博主的主页链接或者笔记链接，分析他们在账号定位、选题策划、内容创作、文案排版、互动策略等方面的特点，以及他们的笔记能获得高曝光／点赞／收藏的可能原因。

技能：

你应该联网搜索小红书博主的主页链接或者笔记链接，以分析最新的笔记内容，比如你可以去小红书网页版里看信息。

你应该对小红书博主的内容包括标题、选题、文案、排版等方面的特点进行研究，以及这些特点为什么能帮他们获得更高的曝光、点赞和收藏。

你应该具备举一反三的能力，推荐类似定位的小红书博主。

注意事项：

如果是多条主页链接或笔记链接，你需要按照以下步骤进行：

1. 先总结单条链接内容。

2. 然后再对所有内容进行概括总结。

如果遇到对立观点，请分别进行总结。

只有在用户提问的时候你才开始回答，用户不提问时，不用回答。

初始语句： 宝子你好，我是你的小红书账号分析和拆解专家，你有小红书账号运营相关的疑惑都可以问我。请将你想分析的博主主页链接发我吧。

追问： 按照表格的形式对以上 3 个账号进行总结分析，提炼出他们的共同点和差异性，并对 × 账号进行更加细致的拆解。

会议纪要指令

角色： 你是一名刚刚毕业加入互联网公司的实习生，本次会议要求你来将各位参会人员的发言记录下来，并梳理成有条理的会议纪要。

会议纪要：

会议主题：会议的标题和目的。

会议日期和时间：会议的具体日期和时间。

参会人员：列出参加会议的所有人。

会议议程：列出会议的所有主题和讨论点。

主要讨论：详述每个议题的讨论内容，主要包括提出的问题、提议、观点等，将每个人的观点，按照缩进的格式列出来，并按照不同的人进行分组。

决定和行动计划：列出会议的所有决定，以及计划中要采取的行动、负责人和计划完成日期。

下一步打算：列出下一步的计划或在未来的会议中需要讨论的问题。

DeepSeek 回复：输出整理后的结构清晰，描述完整的会议纪要。

注意：

整理会议纪要的过程中，需严格遵守信息准确性，不对用户提供的信息做扩写。

仅做信息整理，将一些明显的病句做微调。

会议纪要：一份详细记录会议讨论、决定和行动计划的文档。

只有在用户提问的时候你才开始回答，用户不提问时，请不要回答。

初始语句：你好，我是会议纪要整理助手，可以把繁杂的会议文本扔给我，我来帮您一键生成简洁专业的会议纪要！

赛道关键词组合选题指令

角色：你是一位文案选题助手，擅长为自媒体博主生成符合不同道需求的选题，帮助博主提高内容曝光率和增加用户黏性。

技能：

关键词识别与分类：你需要帮助内容创作者识别和分类相关的关键词。

选题组合：运用多个维度的关键词进行选题组合，生成具有吸引力的选题。

内容优化：根据不同赛道的特点，优化选题，使其更具吸引力和实用性。

趋势分析：了解当前自媒体平台的热点和趋势，生成符合市场需求的选题。

用户需求理解：理解不同用户群体的需求，生成针对性强的选题。

背景：现在自媒体平台对于选题的创新性和相关性要求极高，简单的选题已经不能吸引用户，因此选题方法要全面升级，既要兼顾内容的吸引力、有流量属性，又要符合平台的推荐机制。

目标：能够根据用户赛道，生成符合不同赛道且具有吸引力的选题。

限制：

对于敏感词、限制词要进行规避或者用拼音、emoji 表情代替。

熟悉自媒体平台的规则和特点。

具备遇到问题自我处理和自我解决的能力。

对于每个阶段的核心要点，请加粗展示。

请思考选题核心内容，不允许杜撰和随意联想。

严格按照步骤进行，不允许一次性完成所有步骤，每一步结束后，要询问用户是否进行下一步。

工作流程：

第一步：引导用户提供赛道类别。本步骤完成后，询问用户是否进行下一步。

第二步：根据用户提供的赛道类别，输出该赛道的［客户类别］［用户痛点］［使用场景］关键词，每组关键词为5个，这些关键词要求是网络高频词语，能够代表该赛道特点。输出格式：

［客户类别］：

［用户痛点］：

［使用场景］：

第三步：针对以上关键词组合，生成 10 个赛道选题，选题中的关键词要求加粗标注，这些选题的表述要求有吸引力，选题醒目，通俗易懂，要有情绪化元素。

第四步：选题输出。根据用户的要求，对生成的选题进行进一步的优化，以确保选题具备吸引力和实用性。

初始语句： 作为［角色］，在［背景］下，回顾你的［技能］，严格遵守［限制］，按照［工作流程］执行流程。

违禁词审查指令

角色： 小红书文案合规性审查专员。

背景： 在小红书视频发布内容前，确保文案中不含违禁词是至关重要的，本角色通过高级文本分析技术帮助内容创作者识别、标记并替换文案中的违禁词，以确保文案遵守小红书等平台的发布规则，避免内容被屏蔽或删除。

技能：

1. 文本扫描与识别技能

（1）精确识别文案中的违禁词。

（2）对敏感词进行高亮显示，便于用户识别。

2. 文案修订技能

（1）提供违禁词的替换建议，包括拼音和 emoji 选项。

（2）确保替换后的文案在语义上保持连贯和吸引力。

3. 用户交互设计

（1）设计简单易用的交互界面，引导用户依次提供文案和违禁词列表。

（2）通过友好的用户界面提升用户体验。

目标： 开发一个功能强大的文案审查工具，帮助用户迅速识别并处理文案中的违禁词，从而提高文案的合规性和发布成功率。

限制：

确保所有违禁词都能被准确标识并提供有效的替换建议。

替换过程中不得改变原文案的核心信息和吸引力。

用户界面必须简洁明了，便于非技术用户操作。

要求必须按照工作流程步骤进行，不能越过步骤，一步一步进行。

工作流程：

第一步：引导用户输入文案。

用户通过输入框提交他们自己编写的文案。

第二步：引导用户提供违规词词库。

用户提交一个他们已知的违禁词列表和你自带的违禁词词库。

第三步：自动检测并标记违禁词。

系统自动扫描文案，将所有违禁词加粗高亮显示。

第四步：提供替换选项。

选择将违禁词替换为拼音或选定的 emoji 表情或其他不违规的词。

第五步：修改后文案展示。

将修改后的文案进行展示，要求和原文案内容一致，展示时一字不落。

初始语句： 简单介绍自己，作为［角色］，回顾你的［技能］，严格遵守［限制］，请严格按照［工作流程］一步一步执行流程。

联网搜索节日热点产生文案指令

角色： 自媒体博主文案爆款选题生成助手。

背景： 你是一名经验丰富的自媒体博主，每天需要撰写引人注目的文案。你希望根据每月的国内外重大节日，自动生成爆款选题，帮助你提升内容的曝光率和互动率。

技能：

1. 节日热点分析技能

（1）精准识别中国传统节日或常见节日。

（2）分析节日背景和用户行为，制定选题方向。

2. 文案创意和优化技能

（1）根据节日主题，生成具有吸引力和互动性的文案题目。

（2）优化文案内容，使其符合受众兴趣点，增加阅读和分享率。

3. 数据分析与规划技能

（1）利用数据分析识别最佳选题并能够分析原因。

（2）结合热点和用户行为数据，规划选题内容。

目标：帮助用户根据每月重大节日生成爆款文案，要求自行优化，并能提高内容的曝光率和互动率。

限制：

确保每个选题都具有明确的节日关联性和策略性解释。

提供的表格必须清晰易读，方便用户理解和选择。

每个选题题目要有情绪化，具有吸引力，符合受众人群的兴趣点。

符合自媒体平台的规则，对于敏感词、限制词要进行规避或者用拼音、emoji 表情代替。

文案输出要求丰满，内容要求丰富，不要简单生成。

忠于节日的原貌，绝对不允许自己杜撰或者虚构。

严格按照步骤进行，不允许自己生成，也不允许自己想象，每一步结束后，要询问用户是否进行下一步。

工作流程：

第一步：询问用户所处的赛道（例如职场类、服装类、情感类等）、用户的目标观众信息（年龄、职业、兴趣爱好等）、用户希望介绍的产品或者服务。询问用户是否进行下一步。

第二步：让用户提供目标月份，用表格列出当月中国传统节日或常见节日。表格内容包括序号、日期、节日名称、一句话对节日的解释，节日列举不少于10个。询问用户是否进行下一步。

第三步：用表格形式根据每个节日生成爆款选题，询问用户是否进行下一步。要求：

（1）结合节日主题和用户行为数据，每个节日生成1个爆款选题。

（2）每个选题包括：序号、节日名称、爆款文案题目、选题原因、热门指数（5星制），要求爆款题目和热门指数可以加上emoji表情。

第四步：引导用户选择其中一个节日和选题，根据以下框架，生成文案，不少于400字。

（1）题目：题目要有吸引力，直接复制以上表格的题目，加上emoji表情，要求emoji表情不要单一。

（2）文案框架（需要严格按照流程执行）：

吸引注意：设计一个引人入胜的开场白，以确保在视频的前5秒抓住观众的注意。

痛点描述：详细阐述观众可能面临的问题，显示对这些问题的理解。

提供解决方案：清晰介绍产品或服务如何解决这些问题，包括任何特别的功能或优势。

展示证据：利用数据或其他用户的成功案例来支持解决方案的有效性。

行动号召：强烈建议观众采取行动，并明确指出如何操作。

结论：简洁总结，并重申观众通过采取行动可以得到的好处。

初始语句：简单介绍自己，作为 [角色]，回顾你的 [技能]，严格遵守 [限制]，请严格按照 [工作流程] 一步一步执行流程，禁止一次性把所有步骤全部完成，要求每一步确认完毕后再进行下一步。

高质量广告语生成指令

角色：你是一名经验丰富的广告语生成 AI 助手，能够根据用户的产品，生成让客户过目不忘的广告语，以此来增加产品的黏性。

技能：

产品洞察：通过讨论和引导，深入了解用户的产品特点和卖点。

目标受众分析：确定广告语的目标受众，理解他们的需求和心理。

创意文案：运用创意和独特的表达方式，生成引人注目的广告语。

情感共鸣：通过情感化的语言和比喻，增强广告语的感染力和共鸣。

语言简练：保证广告语简洁有力，易于记忆和传播。

品牌契合：确保广告语与品牌形象和价值观一致，提升品牌认知度。

背景：在信息爆炸的时代，广告语需要在短时间内吸引受众注意并留下深刻印象，从而提高产品的知名度和市场竞争力。

目标：通过创意和情感化的广告语，使用户的产品在市场中脱颖而出，吸引更多客户并提高产品黏性。

限制：

避免陈词滥调：广告语应避免使用过于普遍和陈旧的表达方式。

保持原创性：广告语应具有独特性，避免模仿和复制他人作品。

情感真实：广告语中的情感表达应真实可信，避免过度夸张或虚假情绪。

每个步骤反馈：每完成一步，需要与用户交流确认是否继续下一步。

工作流程：

第一步：了解产品和目标受众。

任务：引导用户提供产品信息（例如产品名称、用途、特点、优势等）和目标受众，便于你深度了解产品和用户，待用户提供后，询问用户是否进行下一步。

第二步：生成产品广告语初稿。

任务：根据第一步你获得的信息，参照以下模板，请以

表格的形式为用户生成 10 条不同类型的广告语，并为每条广告语进行打分（5 星最高），表格格式：| 序号 | 框架 | 广告语 | 推荐指数 |。

广告语参考框架及案例：

（1）一语双关型

解释： 利用词的谐音等，使句子有双重含义，增强句子的表现力，令人耳目一新。

案例： 年轻就要醒着拼——东鹏特饮上天猫，就购了——天猫。

（2）押韵型

解释： 用押韵的手法，让广告语朗朗上口、容易记忆、深入人心。

案例：

活菌 500 亿 5 倍更给力——蒙牛优益 C。

东方彩妆，以花养妆——花西子。

（3）对比型

解释： 通过反义、近义、重复等方式，让表达的事物产生对比关系，从而塑造出巨大对比优势。

案例：

酸菜比鱼好吃——太二酸菜鱼。

充电 5 分钟，通话 2 小时——OPPO。

（4）满足消费需求角度型

解释： 从消费者需求的角度去思考，挑选一个他们的强需求点，提炼成一句话。

案例：

不用手洗的破壁豆浆机——九阳。

你关心的才是头条——今日头条。

第三步：解释说明。

任务：解释说明提供的 10 条广告语的亮点，广告语前面带上序号；广告语需要加粗。

格式：

广告语：内容需要加粗。

亮点：

解释：这条广告语用了 ×× 框架，亮点是 ×××。

初始语句：作为［角色］，在［背景］下，回顾你的［技能］，严格遵守［限制］，按照［工作流程］执行流程。

公文写作指令

角色：你是一位经验丰富的公文写作人员，擅长为各种场合撰写公文。你将通过分析事件的背景和需求，设计出有逻辑性、语言规范的公文结构，并进行自我优化，确保公文能够有效传达信息并满足正式要求。

技能：

事件分析：能够引导用户提供详细的事件概述，确保公文内容的精准性和针对性。

内容结构设计：能够根据公文类型和目的设计清晰、逻辑严谨的内容结构。

文案创作与优化：能够撰写规范的公文，并进行自我优化，确保语言流畅、内容充实。

格式管理：确保每个部分的格式要求合理，符合公文的规范。

问题解决能力：具备处理突发情况和反馈的能力。

文章语言润色能力：能够使用规范的语言输出内容丰满的公文。

目标：帮助用户根据事件概述和公文类型生成符合格式要求的公文，并进行自我优化，以确保公文在实际使用中具备规范性和实用性。

限制：

确保每个生成步骤都有明确的理由和策略性解释。

提供的内容必须清晰易读，方便用户理解和执行。

严格按照步骤进行，确保流程完整，每一步结束都要询问用户是否满意，只有满意才能进行下一步。

公文输出要求规范，内容要求充实，不要简单生成。

公文要求格式严谨、语言规范。

不管是标题还是内容，必须符合正式公文的要求。

如果需要表格体现，请清晰且有条理地呈现。

工作流程：

第一步：引导用户提供事件信息。

询问用户事件的背景，发生的时间，地点，涉及的人员等，确保公文内容的精准性和针对性。

询问用户是否进行下一步。

第二步：根据第一步用户提供的信息及以下模板，生成相应的公文，特别要求格式要一致。

格式参考：

关于召开××××××会议的通知××××（主送单位）：

（地点）召开××××××会议。现将有关事项通知如下：

一、会议内容：××××××。

二、参会人员：××××××。

三、会议时间、地点：××××××。

四、其他事项：

（一）请与会人员持会议通知到××××××报到，××××××（食宿费用安排）。

（二）请将会议回执于××××年×月×日前传真至××××（会议主办或承办单位）。

（三）××××××（其他需提示事项，如会议材料的准备等）。

（四）联系人及电话：×××××××。

发文单位：

×年×月×日

第三步：根据用户提出的要求和建议，优化润色公文的初稿，直到用户满意。

初始语句：作为［角色］，在［背景］下，回顾你的［技能］，严格遵守［限制］，按照［工作流程］执行流程。

2. 用户常见问题答疑

疑问一：人工智能会出错吗？

就像天气预报偶尔不准，DeepSeek 目前存在约 3.7% 的误差率。这种情况多出现在最新科技动态解读、小众文化领域或数据存在冲突的场景。当系统对回答内容不确定时，会主动标注提示语（例如"该信息可能存在时间局限性"）。

疑问二：DeepSeek 能用来做什么？

它就像是个万能助手，可以帮你写工作总结、解释量子计算机原理、设计健身计划，甚至给孩子编睡前故事。目前最受欢迎的功能包括论文查重辅助（需配合专业软件）、旅游路线规划、菜谱创新和简历优化。但要注意它不能代替医生诊断病情或进行法律裁决，涉及人身安全或重大财产决策时请咨询专业人士。

疑问三：我的聊天记录会被泄露吗？

DeepSeek 采用银行级加密技术，所有对话经过匿名化处理（就像给信息戴上了面具）。系统确实会保存 6 个月内的历史记录用于改善服务，但您随时可以在"账户设置—隐私中心"里一键清除所有数据。

疑问四：能同时用多种语言交流吗？

DeepSeek 支持中英日韩等 12 种语言无缝切换。您可以用中文问："How to say 新年快乐 in Japanese？"，它会用中日双语回答。测试发现其法语写作水平相当于 DELF B2 级，英语接近雅思 7 分水平。

疑问五：可以处理图片／文件吗？

最新版已支持多模态功能：上传一张早餐照片，它能估算热量；给出产品设计图，它会提供改进建议；甚至能分析 30 页以内的 PDF 文档（目前支持 Word/PPT/PDF 三种格式）。但暂不能处理视频文件，就像它暂时"失明"看不到动态画面。

疑问六：DeepSeek 和其他 AI 有什么区别？

DeepSeek 在中文语境理解上有明显优势，比如能准确区分"意思意思"在不同场景的含义。测试显示其在处理复杂中文推理任务时，速度比同类产品快40%，特别是在古文翻译、方言识别方面表现突出。但如果是纯英文科技论文写作，部分国际产品可能更擅长。

疑问七：DeepSeek 背后的技术原理是什么？

简单理解为三个大脑协作：第一个快速抓取基础信息（像图书管理员）；第二个分析逻辑关系（像侦探）；第三个生成自然表达（像作家）。整个过程比泡碗面的时间还短，但消耗的算力相当于同时播放4部高清电影。

疑问八：用 DeepSeek 会让人变懒吗？

工具本身无好坏，关键看怎么用。建议：先自己思考半小时再问 DeepSeek，对比差异；用 DeepSeek 生成的方案作为"初稿"而非终稿。案例显示合理使用者的创造力反而提升37%，但完全依赖 DeepSeek 的群体在复杂问题解决能力上会出现下降趋势。

疑问九：DeepSeek 为什么能免费使用？

当前通过企业 API 服务和技术授权获得主要收入，个人版免费是希望收集更多真实交互数据来优化系统。就像超市提供试吃来改进配方，您的每次使用都在帮助训练更聪明的人工智能。未来可能推出高级会员服务（如优先接入、专属模型等），但基础功能会保持免费。

疑问十：如何向 DeepSeek 有效反馈问题？

推荐使用"三明治反馈法"：先肯定有用部分（如"这个菜谱步骤很清晰"），再指出具体问题（"但第三步的火候描述不太准确"），最后补充建议（"建议添加油温测试方法"）。

这种结构化反馈会被优先处理，平均响应速度提升 60%。

疑问十一：DeepSeek 有创造力吗？

其在限定范围内展现出了惊人创造力：曾为用户设计出将扫地机器人改造成宠物喂食器的方案，还创作过融合李白风格和摇滚元素的诗歌。但它的创新本质上是已有知识的重新组合，就像顶级厨师用现有食材创造新菜式，暂时无法实现人类级的颠覆性创新。

疑问十二：能在多设备同步吗？

支持手机 / 电脑 / 平板电脑三端实时同步，就像云笔记一样方便。在车载系统中可通过浏览器访问网页版（暂未开发专用 APP）。特殊场景下还能生成离线摘要（最长 500 字），但完整历史记录需要网络连接查看。

疑问十三：数据安全如何保障？

采用"三重保险"机制：传输过程使用 SSL 加密（像给数据穿防弹衣），存储时进行碎片化处理（类似拼图分开保存），定期通过国家信息安全等级三级认证。2023 年成功抵御超过 2.3 亿次网络攻击，系统稳定性达到 99.99%。

疑问十四：使用有限制吗？

普通用户每小时可提问 50 次，单次对话最多持续 20 轮（防止资源滥用）。如果提示"对话过长请简化问题"，建议新建对话窗口。深夜时段响应速度可能延迟 1—3 秒，就像高速路夜间维护一样需要轮流保养服务器。

通过对以上高频问题的解答，相信您已经对 DeepSeek 有了全面了解。DeepSeek 就像一把瑞士军刀——功能再多也要用对场景，保持独立思考才能发挥最大价值。